矿山空区治理与环境保护协同创新中心资助
矿业工程国家级实验教学示范中心(山东科技大学)资助
国家重点研发计划子课题(2018YFC0604706-05)资助

湿地回填区煤矸石典型(重)金属溶出扩散的试验研究

闫莎莎　　张红日　　陈军涛
张文泉　　孙　彪　　　　　著

中国矿业大学出版社

内 容 提 要

本书以山东省滨湖矿区红荷湿地压覆矿区为研究区域,预计采煤地表沉陷量,级配回填煤矸石,通过设计静态浸泡试验、室内水槽试验,探究煤矸石在回填湿地环境中的溶出和扩散特性,建立相应的数学回归模型和三维扩散系数数学模型,并验证其可靠性。将随机游动扩散理论和点源污染物扩散方程相结合,以建立的数学模型为基础,构建点源污染物二维随机游动迁移模型,对回填煤矸石释放 Pb^{2+}、Cr^{3+}、Cd^{2+} 的浓度分布特征进行预测,确定重点污染治理范围,并据此提出可靠的污染控制预防措施。

本书可供相关专业的研究人员借鉴、参考,也可供高等院校相关专业的教师和学生学习使用。

图书在版编目(CIP)数据

湿地回填区煤矸石典型(重)金属溶出扩散的试验研究/
闫莎莎等著. — 徐州:中国矿业大学出版社,2020.10
ISBN 978 - 7 - 5646 - 4655 - 4

Ⅰ.①湿… Ⅱ.①闫… Ⅲ.①煤矸石—重金属污染—
研究 Ⅳ.①TD94

中国版本图书馆 CIP 数据核字(2020)第 208492 号

书　　名	湿地回填区煤矸石典型(重)金属溶出扩散的试验研究
著　　者	闫莎莎　张红日　陈军涛　张文泉　孙　彪
责任编辑	何晓明
出版发行	中国矿业大学出版社有限责任公司
	(江苏省徐州市解放南路　邮编221008)
营销热线	(0516)83884103　83885105
出版服务	(0516)83995789　83884920
网　　址	http://www.cumtp.com　E-mail:cumtpvip@cumtp.com
印　　刷	江苏淮阴新华印务有限公司
开　　本	787 mm×1092 mm　1/16　**印张** 8.25　**字数** 150 千字
版次印次	2020 年 10 月第 1 版　2020 年 10 月第 1 次印刷
定　　价	48.00 元

(图书出现印装质量问题,本社负责调换)

前　言

　　井工开采生产模式使我国煤炭开采区域不可避免地出现了地表沉陷等地质问题。据不完全统计,截至 2018 年我国采煤塌陷地面积累计达 300 万 hm^2,且以每年 2 万 hm^2 的速度增加,采空区地表沉陷已成为我国亟待解决的矿山环境与地质问题。山东省作为我国重要的煤炭生产基地,煤炭资源大规模开采给山东省经济发展注入力量的同时也带来了负面影响,采煤区地表塌陷是最突出表现之一。按照《山东省矿山地质环境保护与治理规划(2018—2025 年)》的要求,2025 年山东省采煤塌陷地治理率需达 80%,包括湿地塌陷区在内的绝大多数塌陷区要采用回填复垦的方法治理。

　　煤矸石因具有良好的工程特性、就地取材的便宜性,以及回填工程能够解决矸石堆放占用土地等问题,故而被视为首选材料。然而当煤矸石回填湿地塌陷区时,所含金属或重金属元素在湿地水体作用下会发生化学反应、络合反应等,生成物以水化合物、络合物等形式溶出,且随湿地水流扩散运移,对湿地水质存在环境污染风险。因此,研究煤矸石在湿地环境下典型金属和重金属污染物的溶出特征、随流扩散特征,如何加强资源综合利用和矿区环境保护工作,建立可行的区域生态安全及调控模式,是我们必须面对和思考的问题。

　　全书以山东省滨湖矿区红荷湿地压覆矿区为研究区域,预计采煤地表沉陷量,级配回填煤矸石,通过设计静态浸泡试验、室内水槽试验,探究煤矸石在回填湿地环境中的溶出和扩散特性,建立相应的数学回归模型和三维扩散系数数学模型,并验证其可靠性。将随机游动扩散理论和点源污染物扩散方程相结合,以建立的数学模型为基础,构建点源污染物二维随机游动迁移模型,对回填煤矸石释放 Pb^{2+}、Cr^{3+}、Cd^{2+} 的浓度分布特征进行预测,确定重点污染治理范围,并据此提出可靠的污染控制预防措施。

　　全书共分 7 章。第 1 章阐述了本课题的研究背景、国内外研究现状以及研究方法等。第 2 章详述了研究区域概况及地表塌陷量的预计方法。第 3 章通过仪器测试手段了解研究区域煤矸石特性,进行了粒径偏析等工作。第 4 章设计室内静态浸泡试验,分析室温条件下不同粒径煤矸石中 Mg、Fe、Cu、Al、Pb、Cr、Mn、Zn、Cd 等金属或重金属的溶解、释放特征,并据此建立数学回归模型。第 5 章设计室内水槽装置,进行示踪试验,建立基于单站法的纵向、横向和垂向扩散系数模型,分析了荷花直径、水流阻力、雷诺数与纵向扩散系数的线性相关性关系,在 Neaf 模型基础上结合伯努利方程和达西阻力公式,推导出考虑水流阻力的湿地水流纵向扩散系数模型。第 6 章将随机游动扩散理论与二维点源污染物扩散方程相结合,建立点源污染物的二维随机游动扩散模型,预测煤矸石回填区重金属的浓度分布,提出植物修复法,对回填时进行污染防治。第 7 章对研究工作进行了总结和展望。

本书在编写过程中受到多位老师的帮助,特此表示衷心的感谢!在本书的编写过程中广泛收集和参考了国内外相关研究资料和文献,在此谨向其作者表示感谢。

由于水平有限,书中难免存在不妥之处,恳请广大读者批评指正。

著 者

2020 年 6 月

目　　录

第1章 绪 论

1.1 课题的提出

1.1.1 湿地及其初级净化能力

湿地作为全球三大生态系统之一,承担着调节水量、吸纳洪水、为野生生物提供栖息地、维护区域内生态平衡等重要自然生态功能,享有"地球之肾"的美誉,它担负着涵养水源、调节气候及丰富生物多样性和生产力的功能。目前,全球湿地总面积约为 5.7 亿 hm^2(570 万 km^2),约占全球陆地面积的 6%,其中 2% 为湖泊、30% 为泥塘、26% 为泥沼、20% 为沼泽、15% 为泛滥平原。截至 2018 年,我国湿地面积为 8.04 亿亩[1]。湿地,泛指暂时或长期覆盖水深不超过 2 m 的低地、土壤充水较多的草甸以及低潮时水深不过 6 m 的沿海地区[2],包括各种咸水和淡水沼泽地、湿草甸、湖泊、河流以及泛滥平原、河口三角洲、泥炭地、湖海滩涂、河边洼地或漫滩、湿草原等。按《关于特别是作为水禽栖地的国际重要湿地公约》(简称《国际湿地公约》)定义,湿地是指"不问其为天然或人工、长久或暂时之沼泽地、湿原、泥炭地或水域地带,带有或静止或流动、或为淡水、半咸水或咸水水体者,包括低潮时水深不超过 6 m 的水域"。该定义已为签署加入《国际湿地公约》的各缔约国所接受,在国际上具有通用性,但是关于湿地内涵的实质该定义仍没有解释清楚。本书从湿地区别于其他水体的本质出发,认为湿地应定义为:"湿地是一类既不同于江河等水体,又不同于陆地的特殊过渡类型生态系统,是水生、陆生生态系统界面相互延伸扩展的重叠空间区域。该系统中无论是生产者还是消费者,均由湿生、沼生、浅水生生物组成,而分解者则是介于水生与陆生生态系统间的过渡生物群落。"[2]湿地系统具有三个区别于其他水体的突出特征:一是湿地地表长期或季节性处于积水状态;二是地表生长有湿生、沼生、浅水植物,具有较高的生产力,相伴随的湿生、沼生、浅水微生物群落为其带来较强的分解能力;三是发育水成或半水成土壤,有明显的潜育化过程。

湿地的生态功能具有不可替代性,湿地系统具有较强的水体自净能力,对进入湿地系统的金属和重金属元素在一定程度上能够进行生物降解、水解。但是如果煤矸石等在浸泡环境中自身金属或重金属元素发生浸出效应时,释放的金属、重金属元素在较长一段时间内进入湿地系统,湿地水质是否会受到污染以及受污染的程度如何尚不可知。在环境健康领域重金属主要指镉(Cd)、铬(Cr)、铅(Pb)等有重金属特性的元素以及砷(As)等有生物毒性的元素。当水环境中重金属元素含量超标时,就会对水生生物和人类健康带来危害。湿地系统中存在丰富的水生生物和植物,其中不乏能够被人类直接利用的生物与植物,如果湿地水质受到金属、重金属污染,将会直接导致水环境破坏甚至人类健康的损害,因此研究湿地系统中重金属元素的环境效应、建立污染预测方法具有十分重要的社会效益和环境健康意义。

1.1.2 研究意义

伴随着煤炭的不断开采经常出现土地塌陷等地质灾害现象,对于此类灾害问题,原国土资源部曾于 2007 年下发 81 号文,文中明确规定了由于煤矿开采而引起塌陷破坏的土地必须对其进行治理和恢复。因此,煤矿开采前对可能出现的土地塌陷问题需要预先提出治理方案。山东省是我国重要的煤炭能源基地之一,煤炭资源大规模开采给山东省经济发展注入力量的同时也带来了负面影响,采煤区地表塌陷是最突出表现之一。截至 2016 年 9 月底,山东省共形成采煤塌陷地面积 101.09 万亩。采煤塌陷地重点地区集中在济宁、泰安、枣庄、菏泽等 4 市,塌陷总量占全省采煤塌陷地的 86.77%,其中绝产面积占全省绝产面积总量的 95.79%。按照《山东省矿山地质环境保护与治理规划(2018—2025 年)》的要求,2025 年山东省采煤塌陷地治理率需达 80%,除少数可以改造成供游览观光的湿地外,绝大多数区域采用回填复垦的方法进行治理。煤矸石因其良好的工程特性,一直被视为回填采煤塌陷地的理想材料。

图 1-1 为山东省滨湖矿区红荷湿地区域图。从图中可以看出,朝阳煤矿和北徐楼煤矿部分煤层压覆于红荷湿地之下,圈出区域是红荷湿地的重点保护区域。伴随着湿地下压覆煤层的开采,产生的采空塌陷势必使重点保护区

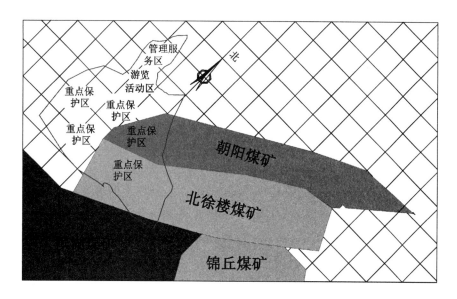

图 1-1 滨湖矿区红荷湿地区域图

域内出现地面沉陷、水位抬升等问题,会破坏荷花的生长环境,甚至会造成荷花的死亡。同时,塌陷也将对生长良好的万亩速生林造成毁灭性的破坏。若为保护红荷湿地而禁止煤炭开采,煤矿可采储量将大大减少,不仅矿井服务年限缩短,可能造成投资回收困难,产生极大的经济损失,而且宝贵的煤炭资源呆滞地下,造成资源浪费,对已成煤炭净进口省的山东省来讲,造成的长远经济损失更大。

因此,要对湿地压覆区下煤炭资源进行开采,必须对煤矿开采过程中可能发生的地质灾害现象及早采取预防措施。针对煤矿开采导致的地面下陷,可以采用充填开采法降低煤矿采空区的下陷程度,但并不表示地面不会下陷,对于下陷的部分应该另外采取防治措施。煤矸石回填垫高处理就是一种行之有效的方法。这种方法既可以有效地还原地貌,又因煤矸石的就地取材而最大程度地降低了处理成本。

煤矸石回填垫高处理虽然经济适用,但是此法有一个较大的弊端,即回填塌陷区后,金属、重金属污染对红荷湿地水质会产生影响。因此,有必要对回填矸石金属或重金属的溶解、迁移、扩散特征进行研究,预测其对红荷湿地相关区域的污染程度,并据此提出可靠的预防治理措施。通过综合分析研究,采取安全可行的方法平衡煤炭开采引发的地面塌陷和环境保护间的矛盾,既可以不影响红荷湿地旅游功能和园林美观,又对枣庄市具有长远经济社会效益,对我国其他地区的湿地环境下煤炭开采也有积极的借鉴意义。

1.2 国内外研究现状

1.2.1 煤矸石综合利用分析

煤矸石是在建井、开拓掘进、采煤和选煤过程中产生的固体废弃物,它与伴生煤层相比含碳量较低,与选出煤炭相比可利用率不高,因此常被视为废弃物弃而不用。若煤矸石露天堆放,矸石伴随长年风沙侵蚀、降水淋溶等条件作用,会使矸石山周围空气、地表和地下水等自然环境恶化。

目前,我国在煤矸石利用方面可以分为两大类,即直接利用和加工处理再利用。由于煤矸石自身具备一定的热值(2 090~4 180 MJ/kg),可以利用其制砖,这样的煤矸石砖具有独特力学特性等优点[3]。从化学成分上看,煤矸石与黏土的成分比较相近,可以替代黏土直接作为原材料或混合材料生产水泥,还可以用作陶瓷以及一些轻质材料的混合材料,煤矸石与粉煤灰混合处理后可用作道路路基材料[4]。中国矿业大学的邵武[5]研究发现,煤矸石可以作为人工湿地填料来处理酸性矿井废水;西南科技大学的徐彬等[6]将煤矸石掺入水泥混凝土,大大增加了其耐久性。除此之外,煤矸石在采矿区也可就地利用,充填开采塌陷区、复垦农田等。在加工处理再利用方面,煤矸石主要用于制备铝盐[7]、制取水玻璃[8]、制取煤气或水煤气[9]、冶炼硅铝合金、制取造纸涂料[10]、制备活性炭复合材料、制造墙体节能保温材料[11]以及制取生物肥料[12]等。

1.2.2 煤矸石金属及重金属的溶出特征研究

煤矸石的环境效应分析可以分为煤矸石排放污染物对周围的大气、地表水、土壤、地下水等的影响分析。早在 20 世纪 70 年代,国外学者就注意到煤矸石堆放产生的环境问题,并对其环境行为进行了研究[13]。我国直到 20 世纪 90 年代才开展煤矸石环境效应研究,此时煤矸石堆积如山,已成为我国最大的工业固体废弃物之一。截止到 2011 年,全国矸石累计堆积量达 50 亿 t,每年外排量 1.5 亿 t,如此庞大数量的煤矸石废弃物若任其堆弃,对周围自然环境会产生严重破坏。对于长期堆积的矸石，其内部温度无法及时扩散，当温度不断上升达到矸石燃点时，会发生矸石自燃、爆炸等事故。因此，有学者通过数学模拟[14]、有限元分析[15]、气体爆炸动力学研究[16]等方法研究其自燃和爆炸机理，并在预防煤矸石山自燃方面取得了很大进展。煤矸石长期堆积产生的另一严重后果是对土壤、地表水和地下水的污染。李洪伟等[17]通过采样分析了淮南某矿区煤矸石重金属对土壤造成的污染并对其进行了评价；Congbin[18]对亚洲受季风影响地区堆积煤矸石对周围土壤污染行为进行了研究；邓为难等[19]通过对煤矸石堆周围地表水取样，分析了煤矸石堆释放的污染物对贵州百里杜鹃风景区周围水体环境的影响；杜勇立等[20]专门以用作路基材料的煤矸石为研究对象，利用数值模拟方法分析了矸石释放硝酸盐对地下水的污染；Ghosh 等[21]研究了露天堆放矸石淋滤液对土壤及地下水的污染，进而研究了其对人体健康的危害。可见，煤矸石长期暴露于自然环境中时，无论对周围水环境、土壤环境还是大气环境，均会产生一定程度的生态环境污染，对污染的评价工作不仅能够反映污染的程度，同时也可以为污染防治措施的制定提供依据。

由国内外已有的对煤矸石污染研究不难看出，煤矸石释放的污染物对土壤和地下水的污染是研究的重点和热点。为研究煤矸石的水文地球化学效应，室内淋溶试验应用较多。淋溶试验依据试验过程的不同分为静态淋溶和动态淋溶两种。静态淋溶试验侧重于研究煤矸石矿物组分、重金属元素的释放特征；动态淋溶试验侧重于研究煤矸石元素释放后的迁移能力。考虑到本书研究内容是煤矸石浸泡于湿地环境时的金属、重金属元素释放及扩散特征，因此所用的淋溶试验为静态试验，下面将对静态试验的研究进行着重介绍。

1997 年，Schuring 等[22]采用静态淋溶试验方法对德国鲁尔矿区的煤矸石堆酸性水问题进行了研究，结果表明其酸性来自煤矸石中硫化物的氧化；Taylor 等[23-24]在研究中指出，煤矸石中硫铁矿的含量和氧化速率对矸石堆酸性淋溶液的产生有决定性作用；Szczepanska 等[25]对波兰境内的 380 座煤矸石山进行详细的调查，结果表明煤矸石山对地下水造成的环境影响较为严重；Bhattacharya 等[26]研究了瑞典 Adak 地区煤矸石山淋溶液中的 As、Cu、Fe、Zn 等元素的环境行为，并对周围环境污染进行了环境影响评价研究；Kovacs 等[27]以匈牙利 Gyongyosoroszi 矿煤矸石堆为例，研究了矸石堆释放 Pb、Zn、Cu、Cd、As 的环境效应。

相比于国外的研究,我国在这方面的研究起步较晚,但相关研究文献也记录了很多国内不同矿区煤矸石的静态淋溶试验结果。20世纪90年代,我国的张瑛[28]对沈阳红阳煤矿的煤矸石进行静态淋溶、浸泡试验,提出了在不考虑煤矸石水分排泄直到足以使各种有害成分最大量溶出的条件下煤矸石污染物的最大释放量公式;刘桂建等[29]对兖州矿区太原组17煤层的夹矸进行了静态淋溶试验,指出 Cu、Pb、Zn、Cr、Hg、As 的析出浓度与淋溶时间、淋溶液温度呈正比关系;余运波等[30]用 pH 值为2.0的稀硝酸对新鲜煤矸石和风化煤矸石分别进行静态、动态淋溶试验,结果表明由于硫铁矿氧化所产生的酸使pH 值在试验过程中变化幅度较大;毕银丽等[31]的静态淋溶试验,结果表明淋溶液的 pH 值与煤矸石粒径大小有关系;吴代赦等[32]利用静态、动态淋溶试验对淮南潘谢矿区煤矸石微量元素释放规律做了研究,认为煤矸石中以硫酸盐形式存在的 S 使淋溶液偏碱性;李侠[33]对陕北黄陵一矿不同风化程度煤矸石进行了40天静态淋溶试验,结果表明淋溶液中的 Cu、Zn、Cr、Pb 等重金属元素的浸出浓度峰值出现在试验初始阶段,其曲线随时间的增加而降低,煤矸石风化程度越高,其浸出液的 pH 值越低;王晖等[34]对山东兖济滕矿区煤矸石充填塌陷区的地表水、浅层地下水中微量元素进行分析,并通过淋溶、浸泡试验研究了两种方式下煤矸石中微量元素析出作用机理;马芳等[35]对山西平朔露天矿的新鲜煤矸石、风化期5年和14年煤矸石分别进行了5天静态淋溶试验,并测定了它们淋溶液中含盐量及 pH 值,结果表明煤矸石风化时间越久,淋溶液中含盐量越高;孙晓虎等[36]通过对煤矸石进行为期8天的动态淋溶试验,研究了煤矸石中 Cd、Cr、Pb 等重金属元素的淋溶特征,并指出重金属元素在淋溶过程中对环境的影响主要发生在淋溶初期,各重金属元素的最大淋出率与煤矸石中元素背景值呈负相关关系;熊琼等[37]对用于夯填路基的煤矸石进行动态淋溶和静态浸泡试验,检测了其溶出液中的硫酸盐、硝酸盐、Mn、Cu、氯化物和 pH 值等,认为动态淋溶比静态浸泡试验更有利于阴离子的析出,而静态浸泡比动态淋溶更有利于重金属元素的析出;付天岭等[38]通过研究不同氧化还原条件对煤矸石浸泡液中污染物释放的影响,发现与氧化条件相比,还原条件下煤矸石中 Fe、Mn、Zn、Cu 等的释放量明显受到抑制。姜利国等[39]采用静态浸泡试验研究了辽宁阜新矿区新鲜煤矸石的产酸、产碱速率,结果表明无论产酸过程还是产碱过程,均分为快速和慢速两个时期;邓为难等[19]通过浸泡试验和淋溶试验模拟贵州百里杜鹃风景区煤矸石堆场中煤矸石 5 日内污染物的溶解释放规律,研究发现在淋滤初期淋滤液中污染物浓度较高,随着模拟"降水量"的增加,浓度不断减小;高海燕等[40]以广西合山市东矿矿区的煤矸石堆为研究对象,通过对煤矸石样品 12 h 的浸溶试验发现,煤矸石浸出液中 Cd、As、Pb 的浓度较高,且溶液略显碱性;白向玉等[41]通过模拟雨水酸度的淋滤试验,研究了重金属在淋滤过程中的释放规律;王俭[42]采用不同 pH 值浸提剂浸泡煤矸石,研究了 Cu、Fe、Mn、Zn、Pb 的浸出毒性,发现了酸性环境中的煤矸石重金属浸提剂毒性强于碱性环境。

上述所列文献表明,煤矸石在酸性或碱性环境中其金属、重金属元素的析出速率是有差别的,尤其是在酸性环境中其速率较快。无论是静态浸泡试验还是淋溶试验,煤矸石的新鲜程度均是影响金属和重金属元素析出的一个重要因素,风化程度的高低与其浸泡液 pH 值呈正比关系。相比于淋溶试验,静态浸泡试验更有利于金属和重金属元素的析出,且主要发生在试验初期,而试验后期金属和重金属元素的溶出速率变缓。

因此,煤矸石的静态浸泡试验在一定程度上能够反映污染物的释放规律,但是试验结果并不具有代表性和典型性,这是因为研究者设计静态浸泡试验时,只注重试验结果而忽略了试验过程的影响因素,如水质因素、水动力学因素等。为了使试验结果更可靠、可信度更高,设计此类试验时需要尽可能多地考虑试验影响因素。另一方面,已研究过的矸石环境介质并未涉及湿地系统,煤矸石在湿地系统中污染物释放规律如何,目前尚需要进一步研究。

1.2.3　水环境扩散特性的试验研究

当前国内外针对天然湿地的研究归纳起来大致分为以下两类:一是对周围环境的影响,包括湿地释放的沼气等温室气体对局部地区乃至全球气候环境的影响;二是自身环境的影响,包括湿地水环境的综合质量评价、泥沙运动特征及污染物进入湿地系统后的分布特征、湿地植物对污染物的去除机理等。湿地为一种特殊的水环境,污染物质的扩散行为仍遵循着水环境中的扩散规律,因此本节将重点介绍污染物在水环境介质中扩散规律的研究现状。

早在 20 世纪四五十年代,Palmer[43]经过试验研究,确定了水流流速可以分为低流速、中等流速和高流速三种情况。研究水流特性的内容之一就是研究污染物在湿地或水体的迁移扩散规律。朱兰燕[44]通过建立三维模型模拟了含有淹没植被水体中的水流特性,进而计算了污染物的输移扩散,分析了受淹没植被影响的污染物纵向分布和运移规律。惠二青[45]通过设计水槽试验，计算了受植被影响水流的纵向离散系数、垂向紊动强度等，并对之进行了数值模拟，计算了污染物的纵向运移扩散。

Elliott[46]通过试验研究发现悬浮物扩散速率与流速、坡度和深度相关；Nepf[47]研究发现水渠中污染物的横向扩散速率与沉水植物的茎叶、流速和阻力系数密切相关；Sharpe等[48]用输送带和投料器向水中投放示踪剂的方法模拟污染物点源释放，研究沉积物随水流的输移扩散规律；Feng等[49]建立了一个适用于缓坡度湿地的二维非线性水流动力学模型，并对其进行了验证；Lee等[50]在调查我国台湾官渡河口红树林湿地植被覆盖情况的基础上，利用水平二维模型模拟了河口湿地水力学特征和泥沙运移特性；而Ulbrich等[51]以德国Leipzig(莱比锡)和Elster(埃尔斯特)河滨湿地为研究对象，将对流扩散方程、泥沙运移和有机物降解模型、逻辑斯蒂方程及Michaelis-Monten-Like方程结合起来，建立了一个概念模型来研究湿地泥沙运移和有机物降解过程。

从这些研究中不难看出，无论是污染物还是水中其他沉积物，在湿地水环境中迁移扩散时，其扩散的过程总会受到水中植被的影响。在设计模拟水流输移扩散规律试验时，无论是纵向扩散、横向扩散还是垂向紊动扩散，研究者在建立扩散模型、水动力学模型等相关模型时都要考虑植被的影响。

研究物质在湿地水环境中的迁移扩散规律，确定扩散系数是关键[52]。从流体力学的角度来说，描述流体运动、确定扩散系数最基本的两种方法是拉格朗日法和欧拉法。以欧拉法为基础，研究污染物在水体中离散规律的文献很多，此处就不多做介绍了，而拉格朗日法是将流体看作各个质点并对这些质点进行研究。如Gräwe等[53]采用拉格朗日法研究SPM的海洋动力学模型，建立了描述粒子随机运动的对流扩散偏微分方程；汤军健等[54-55]建立了水质点跟踪模型，模拟了悬沙在海域中的迁移过程；李树华等[56]采用质点追踪法建立模型，模拟了防城港倾倒区潮流流场及漂移问题。

由于拉格朗日法是将流体分解为质点，对每个质点的运动轨迹进行描述，因此我们可以认为每个质点的运动轨迹就是流体中污染物的扩散轨迹。为了能够直观地展现追踪质子的过程并对其模拟研究，示踪试验法应运而生，并受到众多研究者的青睐。示踪试验法即是将示踪剂投于水体中，通过监测数据计算扩散系数的一种方法。用于天然水体示踪试验的示踪物质需要具备以下条件：① 在天然水体中的存在量少，与背景值有明显的差值；② 易于溶解于天然水体,且易于测定;③ 价格低廉,易于购买;④ 无毒无害,不妨碍天然水体的水质。基于这些条件,一般常用的示踪剂主要以无机盐类为主。

通过示踪试验可获得示踪剂浓度实测数据,根据示踪剂浓度的时空变化规律采用适宜的方法可计算纵向离散系数、横向离散系数。示踪试验的数据可以用爱因斯坦提出的矩量法进行处理,但该方法中所用的空间浓度过程线不易测量,因此 Taylor(泰勒)和 Fisher(费希尔)等提出"冻结云团假设"[57],得出基于时间-浓度过程线的矩量法,使得该方法较易应用和推广。尽管如此,矩量法在使用中仍有参数计算结果准确性难以保证等缺陷。

国内研究学者对示踪试验数据处理采用的方法较多,概括起来大致包括直线图解法、演算优化法、回归分析法等。郭建青[58]应用示踪法对一维河流水团进行分析,估算河流纵向弥散系数和平均流速,并将其转化为非线性最小二乘法问题计算,应用高斯-牛顿迭代法进行求解。这种方法具有计算精度高、对浓度观测数据的要求比较灵活的优点,但是计算过程中需要迭代多次求解,过程复杂且不易计算。温季等[59]利用两个观测断面的示踪剂浓度观测数据,确定河流的纵向离散系数、平均流速等水质参数,并将其与直线图解法比较,发现水团示踪试验具有计算过程较简单、易于掌握和应用等特点。顾莉等[60]用示踪法得到示踪剂浓度数据,结合演算优化法求出河流断面的平均流速和纵向离散系数,将演算优化法与传统演算法比较,发现演算优化法计算所得离散系数更精确。胡国华等[61]在黄河孟津段进行了现场扩散示踪试验,用有限差分法求解扩散系数并进行示踪剂扩散数值模拟计算,将计算值与实测值比对,发现最大相对误差为 27.2%,认为示踪试验确定的扩散系数值可靠。马海波等[62]在分析比对各种计算纵向离散系数方法的基础上,采用 SVM 理论建立 SVR 模型,对 22 组国外河流实测数据进行样本学习,用以预测河流纵向离散系数。薛红琴等[63]采用有限差分法结合单纯形法的参数识别法确定天然河流纵向离散系数,认为参数识别结果有良好的抗噪性。

除此之外,蚁群算法、遗传算法、粒子群优化算法,以及以 Matlab 建立模型等方法也被研究人员们所使用[64-67]。综合国内外研究,我们可以发现,确定离散系数的方法很多,且都有一定的可靠性。然而已有的研究都将纵向离散系数作为研究的重点,事实上在水体中横向和垂向的离散系数均能影响污染物的扩散。

上述文献中涉及的计算离散系数方法各有其自身的优点,但缺点也很明显。例如,直线图解法因为是直接从图中读取直线的斜率和截距,因此主观判断因素较多;支持向量机法中对核函数及相应参数选择的不同也会导致不同的回归估计结果;粒子算法由于搜索过程的随机性,而导致结果的不确定性;演算法通过不断的试算才能得到理想的离散系数结果;矩量法在示踪剂一级反应速率常数已知的情况下才能进行计算。而回归分析法既避免了矩量法中对示踪剂一级反应速率常数的依赖,又避免了直线图解法中的主观臆断,而且摆脱了计算过程的复杂性,具有很强的适用性。

研究污染物在水体环境中的扩散规律,其主要内容就是扩散系数,而扩散系数的取值与水体的水流特性有关。通常情况下,水流流速大,则扩散系数大,污染物的扩散速度必定快,反之则相反。采用示踪试验确定扩散系数的方法有室内示踪试验和室外示踪试验两种方法。室外示踪试验即将示踪剂投放到水体中,然后采样分析数据;室内示踪试验是根据相似模拟原理在室内设计试验装置,将示踪剂投放其中,然后采样分析。前者方法虽然是可行的,但是对试验经费、试验人员、试验时间等条件要求很高。因此,很多研究者求助于室内试验获取数据,这种方法要求研究者根据相似模拟原理将水流流速等重要水力学参数确定下来设计室内试验装置。这种试验装置被称为室内水槽,而这种方法被称为水槽试验。

闫静[68]采用水槽试验研究了含植物明渠阻力及紊流特性,分析了植被淹没条件下密度、淹没度对断面平均流速的影响。芦振爱等[69]以滨岸带植物为例,利用三种高度模拟植物的梯形断面渠道的 12 组次水槽试验分析了梯形生态渠道的植物带中断面横向与中垂线流速分布、等效粗糙率。时钟等[70]利用水槽试验测量了海岸盐沼湿地植物冠层水流的平均流速分布,并分析了不同属种、同属种不同观测位置和流速、同属种不同高度、同属种不同密度的植物冠层湍流结构。杨克君等[71]分别选取塑料吸管、鸭毛和塑料大草模拟乔木、野灌木和野草,水槽试验结果表明纵向、横向和垂向三个方向的脉动流速基本满足正态分布,"种植"植物后纵向和垂向的紊动强度相当,均服从 S 型分布。Zhao 等[72]为研究硝基苯等有毒污染物扩散特征,采用与污染物等容重的盐水作为模拟物,通过水槽试验研究了典型污染物的横向扩散分布特征,建立了不同容重污染物横向扩散系数计算公式。朱红钧等[73]通过物理模型试验发现在滩地种植柔性植被后,滩地水流紊动更强烈。韩璐[74]设计复式断面河道种植柔性植被的单式断面明渠水流特性试验,分析了柔性植被对整个河道水力特征的影响。王洪虎[75]通过在水槽中种植模型植物研究植物对水流结构的影响,对比分析了植物种植前后的水流结构变化规律,以及植物种类、密度对水流结构和阻力的影响。

1.2.4 水质预测模型的研究现状

为了能够对污染水体的污染程度进行研究和预测,水质模型成为必不可少的研究工具。所谓水质模型,是指用数学的语言和方法描述水体中物质、组分、污染物的环境行为变化,并建立相互关系的数学模型。应用水质模型研究的目的就是更好地描述环境污染物在水体中的运动、扩散和转化规律,实现水质模拟和评价,继而进行水质预报和预测。

自 1925 年起,水质模型的研究已有近百年的历史,水质模型的研究也经历了几个阶段的发展,表 1-1 中列出了国外水污染预测模型自问世以来的发展历程和模型特点。

表 1-1 国外水污染预测模型研究进展

时间	代表性模型	计算原理	模拟的空间维数	计算内容	模型结构
1925 — 1980	S-P[76]	BOD 衰变一级反应	一维,后发展至二维、三维	BOD-DO 含量	水质模型
	QUAL II[77]	对流扩散方程	一维	BOD、DO、有机氮、氨氮、亚硝酸盐、硝酸盐等含量	水质模型
1980 — 1995	MIKE[78]	Saint-Venant方程	一维	水流断面污染物浓度	水质-水动力模型
	DELFT-3D[79]	Delft 计算格式	三维	水流、水动力、波浪、泥沙、水质、生态	水质-水动力模型
1995 至今	MIKE 21FM[80]	Navier-Toes方程	二维	海湾、海洋近岸、河口、河道区域水质生态	水质-水动力-生态模型
	EFDC[81]	连续性方程和动量方程	一维、二维、三维	流速、水位、污染物、温度、盐度、生物量分布	水质-水动力模型
	WASP[82]	质量平衡方程	一维、二维、三维	富营养化、重金属、有毒物等	水质-水动力-生态模型

从整个发展过程中看,伴随着水质研究深入发展,建立的水质模型由简单到复杂,越来越向综合性方向发展;模型理论也从最初简单的反应动力理论向随机理论、灰色理论、模糊理论等新理论上发展;尤其是 20 世纪 80 年代中后期以后,由于计算机技术的迅猛发展,模型与 GIS、ArcView 等计算机软件紧密结合,使得模型研究内容更加全面、深入。

水质模型在我国的兴起与发展相比于国外较晚,我国对模型的研究起于 20 世纪 80 年代,经过 30 余年的发展,也取得了相当多的成果。宋新山等[83]在研究了湿地表面由于植被密度、水流特征导致的高阻力、低流速状态特征后,以水流连续性方程和忽略加速度项的水流动力学方程为基础,用圣维南方程组描述径流流态,用六点差分格式数值计算,构建了基于连续性扩散流的湿地表面流动力学模型。李海等[84]将欧拉坐标下有限差分法与拉格朗日坐标下光滑指点流体动力学方法相结合,发展了一种海冰动力学混合拉格朗日-欧拉数值方法。刘玉生等[85]在藻类动力学及浮游植物动力学基础上建立了生态动力学模型,并与箱式模型耦合,建立了生态动力学箱式模型。王晓红[86]以海洋模式系统(ROMS)为基础,利用 Matlab 编程工具将水动力模型流场数据与箱式模型箱体边界准确对接匹配,完成了水动力模型与箱式模型的连接,构建了水动力-箱式模型。彭虹等[87]在包含浮游动物作用的一维水质生态模型基础上,采用有限体积法建立了汉江水质生态数值模型。朱永春等[88]在研究三维湖流作用下太湖梅梁湾水域营养盐随湖流扩散规律的基础上,建立了太湖梅梁湾三维水动力学模型。

从现有的资料来看,煤矸石污染物对水体、土壤和大气环境的影响均已有很多学者进行了深入研究,而且矸石中金属污染物尤其是重金属污染物是研究中的热点。受不同环境介质影响,矸石中的金属污染物在不同环境中的释放规律也不相同。已有文献中对煤矸石在湿地环境下金属污染物的释放、扩散规律以及煤矸石回填湿地后重金属污染物对湿地水质影响究竟如何,目前鲜有研究。基于此,本书选取红荷湿地塌陷区为研究区域,利用静态浸泡试验研究煤矸石在湿地环境中(重)金属污染物的释放规律;利用相似模拟原理设计室内水槽试验研究污染物在红荷湿地中的扩散规律,采用回归分析方法确定纵向、横向和垂向扩散系数;以随机游动扩散理论为基础,建立二维随机游动污染物迁移模型对典型重金属 Pb、Cr、Cd 的扩散规律进行数值模拟研究,并确定水质需保护区域范围,提出保护水环境的方法。

1.3 研究方法、创新点及技术路线

1.3.1 研究方法

本书以红荷湿地重点保护区为研究区域、以回填矸石为研究对象,通过矸石粒级匹配,将试验用煤矸石按照粒径大小进行常温湿地水静态浸泡试验,获得不同粒径下矸石释放 Pb^{2+}、Zn^{2+}、Cu^{2+}、Fe^{3+}、Al^{3+}、Cd^{2+}、Cr^{3+}、Mg^{2+} 的浓度随时间变化特征,根据其变化特征分别建立高斯模型和一元三次多项式模型;将模型计算值与试验值进行皮尔森相关性分析,发现相关性良好,验证了模型的可靠性。在相似模拟原理基础上设计室内水槽试验,通过野外实地调查红荷湿地重点保护区域植被生态参数,确定水槽中模拟植被生态参数(如植被种类、密度等);根据实际调查的水文特征参数,设计水流来流流量、流速生态特征,采用投放示踪剂跟踪观测取样方法获得试验数据。应用一元非线性回归分析法和单站法建立纵向、横向和垂向扩散模型,对该两种方法确定的模型进行相对中值误差验证,发现本试验中单站法确定的模型更可靠。结合示踪试验数据建立红荷湿地水流纵向、横向和垂向扩散系数,对室内水槽试验的合理性进行论证。将伯努利方程和达西公式相结合,建立红荷湿地植被阻力作用下纵向扩散系数模型。将随机游动扩散理论和点源污染物扩散方程相结合,建立点源污染物二维随机游动迁移模型,对回填煤矸石释放 Pb^{2+}、Cr^{3+}、Cd^{2+} 的浓度分布特征进行预测,绘制浓度等值线图,确定重点污染治理范围,并据此提出可靠的污染控制预防措施。

1.3.2 创新点

(1)建立了 Cd、Mg、Pb、Cr 元素的累积浓度-时间的一元三次多项式模型和 Cu、Zn、Al、Fe 元素的累积浓度-时间的高斯模型,全面研究了煤矸石浸泡于湿地环境时金属和重金属元素溶解、释放变化特征。

(2)设计适用于研究湿地水流扩散条件的室内试验水槽,使示踪试验数据更合理、可靠。

(3)基于单站法,建立湿地水流的纵向、横向和垂向扩散系数计算模型,弥补了湿地水流扩散特性研究方面的不足。

（4）基于随机游动扩散理论,建立了适用于湿地条件的点源污染物二维随机游动扩散模型,预测了煤矸石回填湿地时 Pb^{2+}、Cd^{2+}、Cr^{3+} 的浓度分布特征。

1.3.3　技术路线

根据已确定的研究内容和研究方法,设计出技术路线图(图1-2)。

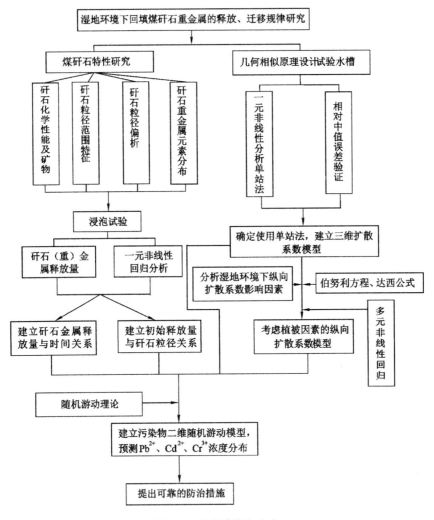

图 1-2　技术路线与方法

第 2 章 研究区域概况及地表塌陷量预计

煤矸石是整个煤矿建设、煤炭生产过程中排放出的所有固体废弃物的总称。按照来源的不同可分为原矿矸石、洗矸石以及顶底板和岩石夹层产生的煤矸石。本书所研究的红荷湿地塌陷区周围伴有朝阳煤矿、滨湖煤矿等 4 个矿区,矿区的含煤层是在特定的古地理环境和气候下植物、动物沉积产物,属于鲁西南矿区。该类矿区的含煤岩大致可分为如下两种:① 陆相含煤岩系,主要由各种砂岩、砾岩、泥岩、碳质泥岩、高岭土、油页岩以及煤层等组成;② 海陆交替相含煤岩系,主要由石灰岩、粉砂岩、钙质泥岩、碳质泥岩、铝土矿、水云母胶岭石黏土、硫铁矿以及煤层等组成。

虽然煤矸石产自含煤岩系,具有一定的岩土特征,但与天然的岩土类物质相比仍存在一定的差异。这主要是因为煤及煤矸石所在的含煤岩系是古代植物遗体在地热和压力的作用下经过复杂的生物化学、地球化学、物理化学作用后转变成煤,在这个漫长的过程中,其组成、结构、性质都在发生着变化,最突出的表现就是碳含量的增加,使煤及煤矸石都具有一定的热值,而位于地球表面的普通岩土类物质显然并没有经历这种复杂的高压、高热、生化、氧化-还原作用,因此煤矸石具有独特的性质特点。本章将红荷湿地周围北徐楼煤矿、朝阳煤矿、锦丘煤矿、滨湖煤矿(以下简称"四矿")的概况以及"四矿"产出煤矸石的组成特性、回填区矸石堆积特征进行分析与总结。

2.1 研究区域水文地质概况

2.1.1 研究区域水文概况

滕州滨湖国家湿地公园红荷湿地旅游区(以下简称红荷湿地)位于滕州市滨湖镇境内,属山东省旅游总体规划的五号区,湿地总面积为 $60~km^2$。该区属暖温带半湿润季风气候区,四季分明,雨热同期,春、冬干燥少雨,夏、秋湿热多雨。多年平均降水量为 823.8 mm(1951—2007 年),年内降水多集中在 6—9 月,占全年降水总量的 56%～80%,年最大降水量为 1 271.7 mm(2003 年),最小为 454.0 mm(1988 年);多年平均蒸发量为 1 819 mm(1978—2006 年);多年平均气温为 13.6～14.2 ℃,年极端最高气温为 40 ℃(1966 年),极端最低气温为－22.3(1967 年);多年平均日照时数 2 089.1 h(1978—2006 年);年平均相对湿度为 69%(1977—2006 年);最大冻土深度为 38 cm。

红荷湿地,西濒中国北方最大的淡水湖——微山湖。区内山水辉映,资源丰富,四季分明,是华东地区最大、保存状态最原始、湿地景观最佳的荷花观赏地之一,具有很广阔的融资前景和很好的旅游市场。景区内有红荷生长区和万亩速生林,其基塘压覆有朝阳煤矿和北徐楼煤矿两个采矿权。压覆区域内的煤炭尚未开采,但开采后将造成最深可达 8 m 的采空塌陷。本书选取红荷湿地为研究背景,为防止开采湿地下压覆煤炭引起湿地下沉而影响湿地内荷花等水生植物的生长,提出按照就近原则,将附近矿区产出的煤矸石回填塌陷湿地区域。

2.1.2 研究区域地质概况

北徐楼井田位于滕县煤田(北部)的西北部。北部以 1、2、3、4、5 号拐点连线为界与朝阳煤矿为邻;东部以第 27 勘探线(5、6 号拐点连线)为界;南部以大刘庄断层(6、7、8、9、10 号拐点连线)为界,分别与锦丘、滨湖煤矿为邻。西部以 45-13 断层(10、1 号拐点连线)为界;井田南北宽 2.5～2.6 km,东西长约 9.9 km,面积 21.881 6 km²,其中陆地部分约 15 km²、湖区部分约 7 km²。开采上、下限标高为－180～－1 040 m,可采煤层为 $3_{下}$、11、$12_{下}$、14、16、17 共六个煤层,井田地面境界共由 10 个拐点闭合圈定,井田地理极值坐标为东经 116°50′46″～116°56′39″、北纬 35°04′08″～35°07′47″。主井井口的地理坐标 $x = 3\ 885\ 919.88$、$y = 20\ 492\ 150.08$,副井井口的地理坐标 $x = 3\ 885\ 950.07$、$y = 20\ 492\ 190.08$,西风井井口的地理坐标 $x = 3\ 884\ 380.00$、$y = 20\ 488\ 450.00$。

北徐楼井田内地形平坦,为第四系湖积平原,陆地部分地面标高＋33.47～＋40.89 m,地形变化的总趋势是东北部较高而西南部较低,坡度平均为 1.0‰。由于开采而引发的地面塌陷面积约 278.4 hm²,塌陷深度 0.3～2.5 m,部分地段已成积水区,无法耕种。

朝阳煤矿位于北徐楼煤矿北侧,两矿之间以 1、2、3、4、5 号拐点连线为界。朝阳煤矿位于断层上盘,矿井于 2002 年 6 月开工建设,设计年生产能力 45 万 t,井田面积 17.261 2 km²,可采煤层为 $3_下$、$12_下$、16 煤层。矿井采用立井开拓方式,第一水平标高 -700 m,主要大巷沿 $3_下$ 煤层布置,现主采 $3_下$ 煤层,$12_下$ 煤层正在开拓,其他煤层未动用。

锦丘煤矿位于北徐楼煤矿的南侧,两矿之间以 7、8 号拐点连线为界,其位置与大刘庄断层位置大致相当。锦丘煤矿位于断层上盘,两矿之间均按原矿井设计要求各留设 50 m 的边界断层煤柱。矿井于 2003 年 3 月开工建设,设计年生产能力 45 万 t,井田面积 18.631 5 km²,可采煤层为 $12_下$、16、17 煤层,累计探明资源储量 5 994 万 t。矿井采用立井多水平开拓方式,第一水平标高 -450 m,主要大巷沿 $12_下$ 煤层布置,现以开采 $12_下$ 煤层为主,16 煤层首采面已形成系统。历年平均矿井正常涌水量 36 m³/h,最大涌水量 65 m³/h。

滨湖煤矿位于北徐楼煤矿的南侧,两矿之间以 8、9、10 号拐点连线为界,其位置与大刘庄断层位置大致相当。滨湖煤矿位于断层上盘,两矿之间均按原矿井设计要求各留设 50 m 的边界断层煤柱。矿井于 2003 年 6 月开工建设,设计年生产能力 45 万 t,井田面积 44 km²,可采煤层为 $12_下$、16、17 煤层,探明资源储量 4 711.5 万 t。矿井采用立井多水平开拓方式,第一水平标高 -465 m,主要大巷沿 $12_下$ 煤层布置,现以开采 $12_下$ 煤层为主、16 煤层为辅。历年平均矿井正常涌水量 80 m³/h,最大涌水量 150 m³/h。

2.1.3　煤矿地质概况

研究区域地层区划属华北地层区,鲁西地层分区,济宁地层小区。本小区除东北部有太古界、寒武系、奥陶系和侏罗系地层出露之外,其余均被第四系所覆盖。据钻孔揭露,第四系之下发育有石炭系、二叠系、侏罗系和古近系,缺失元古界、志留系、泥盆系、三叠系和白垩系。"四矿"可采煤层主要分布于石炭系本溪组、太原组和二叠系山西组。

本溪组:平均厚度 35 m 左右,为海陆交互相沉积,主要由杂色黏土岩夹 2～3 层石灰岩组成,底部是铁铝质泥岩。

太原组:平均厚度 170 m 左右,为海陆交互相沉积,以深灰色粉砂岩、泥岩为主,夹有砂岩、薄层灰岩及煤层,为本区的主要含煤地层之一。

山西组厚度 100 m 左右,为近海型陆相含煤地层,主要由灰绿、灰、灰白色细砂岩、中砂岩及深灰色粉砂岩、砂质泥岩组成。下部一般含有可采煤层 1~2 层,为本区主要含煤地层之一。

除此之外还分布有马家沟组、三台组和第四系地层。

2.2 煤炭开采引发的地表沉陷量

红荷湿地重点保护区域下压覆的可采煤层有 $3_\text{下}$ 煤层、$12_\text{下}$ 煤层和 16 煤层,在详细收集了北徐楼煤矿和朝阳煤矿现有的 $3_\text{下}$ 煤层、$12_\text{下}$ 煤层及 16 煤层的采掘工程平面图等采矿资料后,对比分析核实两矿区与湿地景区的地理位置关系,采用卫星地图、经纬网定点、矿区边界以及地表重要性建筑物定位等方法,完成了采掘工程平面图与微山湖湿地景区范围及分布平面图的叠置合成工作,如图 2-1 所示。

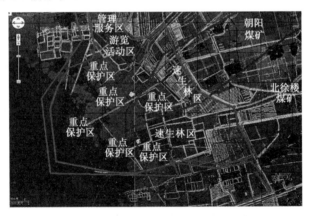

图 2-1 红荷湿地重点保护区、矿区卫星叠置合成图

红荷湿地重点保护区主要分布着荷花和芦苇,沿岸生长着速生林。由于速生杨的生长对水深非常敏感,所以为保护速生杨的生长条件,只开采小于 1 000 m 采深的煤层,开采方法采用充填开采法。

在收集两矿井现有的各种岩移观测数据的基础上,分析确定了重点保护区域下压覆岩层的岩移计算参数,利用概率积分的方法,预计了充填开采条件下,开采 $3_\text{下}$ 煤层,开采 $3_\text{下}$ 煤层和 $12_\text{下}$ 煤层,以及开采 $3_\text{下}$ 煤层、$12_\text{下}$ 煤层和 16 煤层三种开采计划的地表最大沉陷量。

选取地表移动变形计算参数的主要依据为：

（1）根据附近地质开采条件近似的地表岩移参数。

（2）根据北徐楼和朝阳两矿区煤层开采的岩移一般规律。

（3）煤矿"三下"规程中，针对不同岩性条件下的地表移动，给出的按矿区覆岩平均坚固性系数 f 区分的计算参数。

覆岩平均坚固性系数 f 计算公式为：

$$f = \sum m_i f_i / \sum m_i \tag{2-1}$$

式中　m_i——第 i 层岩层的法线厚度，m；

　　　f_i——第 i 层岩层的坚固性系数，$f_i = Rc_i / 10$，Rc_i 为第 i 层岩层的单向抗压强度，MPa。

依照煤层上覆岩层的 f 值，可知开采煤层上覆岩层属中硬岩层。根据提供的"四矿"井田地层综合柱状图（图 2-2）、各煤层倾角等因素，特别是考虑景区内煤层采深、开采条件、采煤工艺及顶板支护管理等因素，最终选取开采地表移动变形计算参数见表 2-1。

表 2-1　充填开采方案下岩移计算参数

符号	$\tan \beta_{3\text{下}}$	$\tan \beta_{12\text{下}}$	$\tan \beta_{16}$	$q_{3\text{下}}$	$q_{12\text{下}}$	q_{16}	k	b	S
充填	2.0	2.0	2.0	0.15～0.23	0.18～0.23	0.15～0.22	0.5	0.3	0

注：$\tan \beta_{3\text{下}}$ 为 3下煤层开采主要影响角正切值；$\tan \beta_{12\text{下}}$ 为 12下煤层开采主要影响角正切值；$\tan \beta_{16}$ 为 16煤层开采主要影响角正切值；$q_{3\text{下}}$ 为 3下煤层开采下沉系数；$q_{12\text{下}}$ 为 12下煤层开采下沉系数；q_{16} 为 16煤层开采下沉系数；k 为开采影响传播系数；b 为水平移动系数；S 为拐点平移距。

根据所选取的参数，代入移动变形计算公式，可以计算得出保护区压覆煤层在充填开采方案下采深小于 1 000 m 时，开采 3下煤层，开采 3下煤层和 12下煤层，以及开采 3下煤层、12下煤层和 16煤层三种情况导致的下沉影响面积和地表最大沉陷量。根据计算结果，开采 3下煤层导致的下沉影响面积约为 3 834.1 km²，开采 3下煤层和 12下煤层导致的下沉影响面积约为 6 021 km²，开采 3下煤层、12下煤层和 16煤层导致的下沉影响面积约为 7 574.4 km²，三种开采计划中开采 3下煤层计划的下沉影响面积最小。地表最大下沉量的预计结果见表 2-2～表 2-4，从三种开采计划导致的地表移动变形预计结果中不难看出，开采 3下煤层引发的变形总体要小于另外两种。开采 12下煤层对荷花

地层系统 界系统组段	地层厚度/m	代号	柱状	煤层及标志层 简称	厚度/m	间距/m	岩性描述
新生界 第四系	73.80~113.00	Q		上含水层段 / 隔水层段 / 下含水段			厚度73.8~113.00 m，平均88.44 m，主要由灰、黄、棕褐色的黏土、砂质黏土、黏土质砂、砂及砂砾石组成。属洪积、冲积、湖积相沉积
中生界 侏罗系 上统 三台组	99.55~922.90	J₃					主要由灰绿、灰色粉砂岩夹少量细砂岩、砂质泥岩组成。
							主要由紫灰、紫色粉砂岩、细砂岩、中砂岩及砾岩组成。底部为紫红、杂色砾岩，厚度11.80~32.80 m，平均25.34 m。砾石成分以石英岩、石灰岩为主，其次为岩浆岩、砂岩、泥岩。磨圆度较好，分选性差。该层砾岩分布普遍，层位稳定，可作为地层对比的标志层
							主要由紫红色粉砂岩、砂砾岩、砾岩组成。在中下部夹紫红色砾岩0~5层，厚度1.00~20.40 m，砾石成分以石英岩、石灰岩为主，其次为岩浆岩、砂岩、泥岩。泥、硅质胶结，不甚坚固
古生界 二叠系 下统 山西组	0~68.10	P₁		3下	5.46		钻孔最大揭露残厚68.10 m，主要由砂岩、粉砂岩组成。所含3煤层厚度大
古生界 石炭系 上统 太原组 第四段 第三段 第二段 第一段	87.80~170.20	C₃		三灰	5.52		钻孔揭露残厚87.80~170.20 m。主要由深灰色灰泥岩、粉砂岩、砂质泥岩、细砂岩、中砂岩、石灰岩和煤层组成。共有石灰岩12层，其中3、5、8、9、10下灰最为稳定，为本组良好的标志层。共含煤17层，其中可采或局部可采煤层5层（11、12下、14、16、17），均为薄煤层
				五灰	1.73	22.36	
				11	0.52	10.82	
				12下	1.20	16.59	
				八灰	2.98	2.98	
				14	0.54		
				九灰	1.75		
				十灰	4.73	48.95	
				16	1.00		
				十一	0.89	6.06	
				17	0.60		
中统 本溪组	39.01	C₂		十二	3.78	20.86 / 3.78	钻孔揭露厚度28.75~56.65 m，平均39.10 m。主要由灰、浅灰色石灰岩及灰绿、紫红色黏土岩、铁铝质泥岩和少许砂岩组成。属海陆交互相沉积
						5.24	
				十四	9.43	9.43	
						13.11	
奥陶系 中统	>800	O₂		奥灰		13.11	钻孔最大揭露厚度184.30 m。为灰、棕褐色厚层状石灰岩夹白云质灰岩及豹皮灰岩，局部夹钙质泥岩

图 2-2 "四矿"井田地层综合柱状图

(芦苇)区地表变形的影响小于对速生杨 1 和 2 区的影响,对速生杨 3 区的影响也不大。开采 16 煤层无论对荷花(芦苇)区还是速生杨区以及湿地中的钓鱼岛等岛屿的地表移动变形都会产生很大的影响,地表变形幅度很大,不建议开采。为保护红荷湿地的生态功能且最大限度达到煤炭生产效益,应该只针对红荷湿地下压覆的采深小于 1 000 m 的 $3_下$ 煤层和 $12_下$ 煤层进行开采,开采过程中采用充填开采的方法以最大限度地维持地表不变形,对于预计的变形部分可以就近利用煤矸石做回填垫高处理。

表 2-2　保护区内采深小于 1 000 m 的 $3_下$ 煤层计划未来开采区域充填

开采结束后地表移动变形预计最大值统计表

变形值　　　保护区域名称	W/mm		$i/(mm/m)$		$\varepsilon/(mm/m)$		$K/(10^{-3}\ m)$	
	走向	倾向	走向	倾向	走向	倾向	走向	倾向
荷花(芦苇)游赏 1 区		350	1.5	−1.1	0.5	1	0.006	0.006
荷花(芦苇)游赏 2 区		35	/	/	/	0.2	0.001	/
荷花速生林交界 1 区		1 400	−3.1	−2.6	−3.1	−2.5	−0.028	−0.021
荷花速生林交界 2 区		600	1.5	−1.5	−1	−1.2	−0.01	0.008
荷花速生林交界 3 区		430	−1	1	−1	−1.2	−0.01	−0.008

表 2-3　保护区内采深小于 1 000 m 范围内 $3_下$＋$12_下$ 煤层计划未来

开采区域充填开采结束后的地表移动变形预计最大值统计表

变形值　　　保护区域名称	W/mm		$i/(mm/m)$		$\varepsilon/(mm/m)$		$K/(10^{-3}\ m)$	
	走向	倾向	走向	倾向	走向	倾向	走向	倾向
荷花(芦苇)游赏 1 区		350	1.4	−1.5	0.9	1.3	−0.006	0.008
荷花(芦苇)游赏 2 区		40	0.2	0.1	0.1	0.2	−0.003	0.001
荷花速生林交界 1 区		1 540	3.6	3	−3.5	−2.6	−0.03	−0.022
荷花速生林交界 2 区		700	1.7	1.7	−1.4	−1.2	−0.021	−0.01
荷花速生林交界 3 区		440	1.2	1	−1.1	−1.1	−0.009	0.008
钓鱼岛		/	/	/	/	/	0.001	/

表 2-4 保护区内 $3_下+12_下+16$ 煤层计划未来开采区域充填开采结束后
地表移动变形预计最大值统计表

变形值 保护区域名称	W/mm		i/(mm/m)		ε/(mm/m)		K/(10^{-3} m)	
	走向	倾向	走向	倾向	走向	倾向	走向	倾向
荷花(芦苇)游赏 1 区		770	1.7	−1.1	1	0.8	−0.007	0.01
荷花(芦苇)游赏 2 区		360	0.7	−0.5	−0.5	−0.4	−0.002	/
荷花速生林交界 1 区		1650	−3.7	−3.2	−3.4	−2.9	−0.03	−0.02
荷花速生林交界 2 区		1 200	3	2.5	−2.5	−2	−0.018	−0.014
荷花速生林交界 3 区		450	1.5	1.3	−1	−0.8	−0.01	−0.006
钓鱼岛		220	0.2	−0.1	/	−0.4	−0.001	/
鸳鸯岛		120	0.1	/	/	0.2	/	/
五柳渡		70	/	/	/	/	/	/

第 3 章 煤矸石的特性

煤矸石所在煤层的形成年代、地质特点各有差异,导致各地产出的煤矸石组成特性也存在差异。本章对红荷湿地周围矿区煤矸石的化学性能、矿物组成特性以及矸石粒径分布特征进行了分析。

3.1 煤矸石的化学性能

不同地区或同一地区不同矿井产出煤矸石的颜色是不同的,这是由矸石所在煤层的分布与矸石矿物中的碳含量决定的,越靠近煤层,矸石中碳含量越高,故煤矸石多呈灰色、灰褐色或褐黑色,如果煤矸石中含铁量较高,可呈现黄色或红色。造成这种差别的结果,我们称之为地域差异性。

李化建[89]曾根据地域和煤矸石岩类性质的不同对我国 46 个主要产煤矿(区)煤矸石的化学成分进行分析,结果表明煤矸石的化学组成中主要以硅(存在形态 SiO_2)、铝(存在形态 Al_2O_3)、铁(存在形态 Fe_2O_3)、钙(存在形态 CaO)为主。高铝类煤矸石 SiO_2 含量最高达 53.96%,Al_2O_3 含量最高达 44.17%;黏土类煤矸石 SiO_2 含量最高达 65.66%,Al_2O_3 含量最高达 34.47%;砂岩质煤矸石 SiO_2 含量最高达 89.2%,Al_2O_3 含量最高达 20.06%;自燃煤矸石中 SiO_2 含量最高为 67.46%,Al_2O_3 含量最高为 25.15%。即使同一矿区,由于开采方式的不同,煤矸石中的组分也有较大的波动。王国平[90]曾对辽宁阜新矿区 6 个矿井产出的煤矸石进行化学成分分析,结果表明该 6 个矿井中煤矸石成分存在差异,其中 SiO_2 含量平均为 59% 左右,最高达 67.46%,最低达 46.55%;Al_2O_3 含量平均为 15%,最高达 18.9%,最低达 10.23%。表 3-1 汇总了我国部分矿区煤矸石化学组成。

表 3-1 我国部分矿区产出煤矸石化学组成   单位:%

矸石产地	SiO_2	Al_2O_3	Fe_2O_3	CaO	MgO	TiO_2	Na_2O	K_2O
山西阳泉	44.78	39.05	0.45	0.66	0.44	0.05	0.10	0.15
江苏徐州	45.73	38.69	0.47	0.09	0.16	0.45	0.14	0.16
陕西铜川	44.75	37.43	0.99	0.07	0.15	1.43	0.08	0.56
山东兖州	51.03	40.68	2.82	0.81	1.29			
内蒙古海勃湾	50.72	44.17	1.88	0.71	0.51			
唐山开滦	48.35	20.26	0.29	0.21	0.19	0.54	0.19	1.49
安徽淮南	55.66	20.63	3.38	7.58	2.70	—	2.65	1.76
平顶山三矿	50.5	28.21	2.38	1.32	—	1.09	0.81	1.98
山西官地	57.19	33.53	3.72	1.55	0.53	0.81	0.81	1.18
山东滕南	53.32	18.65	3.60	0.9	0.3	—	1.65	1.33
萍乡	65.66	23.78	2.72	1.92	0.64		0.19	2.34
攀枝花	46.32	19.24	5.63	0.96	2.76			
平顶山一矿	63.34	25.56	4.76	1.07	0.49			
陕西煤矿	64.44	0.36	0.81	0.24	0.23	0.15	—	—
阜新煤矿	61.13	15.12	3.42	1.77	1.98	0.69	2.34	3.03
贵州轿子山	53.34	17.01	8.98	4.80	1.03			

为了解红荷湿地周围煤矿煤矸石的化学组成,本书选取了朝阳煤矿、北徐楼煤矿、滨湖煤矿、锦丘煤矿以及排矸场的煤矸石,对它们进行了工业分析,分析结果见表 3-2。

表 3-2 研究区域煤矿煤矸石化学组成分析表

位置	SiO_2 /%	Al_2O_3 /%	TiO_2 /%	Fe_2O_3 /%	CaO /%	MgO /%	K_2O Na_2O/%	酸性合计/%	碱性合计/%	酸碱比
3下	36.98	26.86	1.26	9.04	13.75	3.76	1.19	65.10	27.74	2.35
11	40.42	26.72	0.70	15.26	8.44	1.09	1.58	67.84	26.37	2.57
12下	46.26	24.09	0.72	15.78	5.39	1.37	1.18	71.07	23.72	3.00
14	60.80	23.24	1.04	4.63	2.62	1.32	2.55	85.08	11.12	7.6
16	27.25	15.55	0.45	20.87	21.69	1.44	0.75	43.25	44.75	0.97
17	30.40	17.77	0.40	28.58	11.65	1.25	0.40	48.57	41.88	1.16

3.2　煤矸石的矿物组成

通过分析煤矸石的 X 射线衍射图谱,可以获得煤矸石的矿物组成,并进一步研究煤矸石的综合利用方法。许红亮等[91]通过研究分析平顶山一矿的煤矸石特征,发现其碳含量和发热量能达到三类煤矸石要求的矸石,可以用于制备烧结砖、水泥和轻集料等建材制品。祁星鑫等[92]在研究了新疆主要煤区煤矸石特征之后,提出利用硫磺沟煤矿、五彩湾煤矿等矿区煤矸石生产建材、改良土壤或者开发矸石中稀土元素,哈密三道岭 1 矿、2 矿、露天矿等产出煤矸石可用作燃料。丁伟等[93]对遵义煤矿、桐梓煤矿、泮水煤矿和凤岗煤矿煤矸石的矿物成分对比分析后,发现遵义地区煤矸石中稀有金属、贵金属等高价值元素赋存量较高。可见,研究矿物组成对矸石再利用有实际的指导意义。

煤矿地理位置的差异也是导致煤矸石矿物组成呈现区域性的原因。顾炳伟等[94]曾对不同产地煤矸石进行矿物成分分析,结果表明北方与南方煤矸石的岩石类型存在差异,北方的矸石属于高岭石类型,而南方的矸石属于云母岩类型。煤矸石伴生于成煤岩层中,故而是由各种岩石矿物所组成的复杂混合物体系,红荷湿地周围"四矿"煤矸石的主要矿物组成见表 3-3,X 射线衍射图谱如图 3-1 所示。

表 3-3　红荷湿地周围"四矿"煤矸石主要矿物组成

类型	矿物组分
黏土矿物(主要)	高岭石(主要)、伊利石、蒙脱石
砂岩	石英(主要)
碳酸盐	方解石、长石、白云石
硫化物	黄铁矿
铝质岩	三水铝矿

从表 3-3 中可以看出,北徐楼煤矿、朝阳煤矿、滨湖煤矿和锦丘煤矿的煤矸石主体成分均为高岭石、石英,另外有部分或少量的伊利石、蒙脱石、方解石、长石、白云石、黄铁矿、三水铝矿等成分。煤矸石可以用于回填塌陷湿地,但是由于其中矿物成分由金属和重金属元素组成,因此回填后必须考虑这些元素对湿地水质的影响。

不同风化程度煤矸石、新鲜矸石、旧矸石的矿物组成也有所不同。新鲜砂

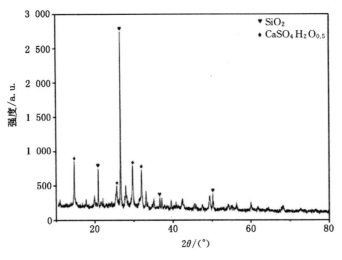

图 3-1　煤矸石 X 射线衍射图谱

石矸石样品中的高岭石、石英含量很高,长石含量也较多;新鲜泥质矸石样品中也是高岭石、石英含量很高,另外伴有少量伊利石、蒙脱石等矿物;风化矸石样品中的高岭石、石英含量相对较高,而其他矿物含量较少。

3.3　煤矸石粒径范围及偏析作用

3.3.1　煤矸石粒径范围特征

煤矸石作为岩石类物质,矸石粒径范围有如下特征:① 矸石粒径范围大;② 粒径有上限值。

对比国内外煤矸石的粒径范围特征,可以发现矸石粒径范围分布广泛且在其粒径范围内粒径大小分布较均匀,这是世界各地外排煤矸石粒径分布普遍存在的共同特点。姜利国[95]列举了加拿大 Stratmat 公司下属 Stratmat 煤矿和我国山东兖矿煤矸石的粒径分布曲线,煤矸石的粒径大小在 0～200 mm 间基本呈均匀分布。

不同采煤工艺在采煤过程中对矸石粒径大小也会起主要影响作用。如在巷道掘进过程中,炮掘主要采用钻爆法、光面爆破法挖槽爆破施工,采用装岩机出矸;综掘机则采用截割破岩,利用掘锚机的铲板和副板级卡爪扒岩。由于炮掘和机掘破岩方法不同,因此产出的矸石粒径大小也不同。与机掘相比,炮掘方法产出矸石粒径明显较大。即使同采用炮掘方法,采煤过程中炮眼布置方法、掘进速度等都会对产出矸石的粒径大小有影响。北徐楼煤矿和朝阳煤矿在采煤过程中对 $3_下$ 煤层采用综采放顶煤法,对 $12_下$ 煤层采用综合机械化采煤方法。另外,在煤炭洗选过程中,由于洗选方式、选用的设备及分选程度的差别,煤矸石的粒径大小也会受到影响。我国地域广阔,煤炭资源丰富,煤炭种类齐全,而煤质变化也较大,所以选煤方法较多,主要分为跳汰、重介、浮选以及干法选煤。不同选煤方法所用的洗选设备不同,其分选粒级也不同,详见表 3-4。从表 3-4 中可以看出,采用跳汰、重介选法或者二者相结合的选法,其分选粒级大于 0.5 mm;若用浮选或煤泥重介选,其分选粒级小于 0.5 mm。

表 3-4　主要选煤方法及其分选粒径

选煤方法	洗选设备	分选粒级/mm
跳汰法	空气脉动跳汰机、动筛跳汰机	0.5～300
重介法	斜轮、立轮、刮板重介分选机	>13
	重介旋流器	>0.5
	煤泥重介旋流器	0.5～1.5
浮选法	机械搅拌浮选机	<0.5
干法选煤	风力分选机	6～80
	摇床	<6
	螺旋分选机	<3

虽然各种选煤方法的分选粒级不同,但是产出矸石粒径仍具有一定的上限值。因为在我国各矿区外排矸石方式绝大多数采用传输胶带或矿车,因此被装载矸石必须符合传输胶带和矿车的设计装载尺寸要求。根据已有的我国煤矿用材料车及输送带基本参数及尺寸统计[95],外排矸石的最大尺寸为 1 300 mm。北徐楼煤矿和朝阳煤矿的外排矸石粒径范围为 0～1 000 mm。

3.3.2　煤矸石粒径偏析作用

煤矸石回填塌陷地后,由于矸石长时间堆积在一起,因此形成了一种新的煤矸石堆积体。该堆积体中矸石的堆积方式很大程度上决定了其内部结构特征。Hangen 等[96]在其研究中曾指出,煤矸石堆积体的内部结构特征是其水力学性质及溶质迁移的最主要决定因素。对湿地环境中回填矸石形成的矸石堆而言,煤矸石粒径的偏析作用是影响堆积体内部结构特征的最主要因素。

"偏析"一词原是金属学上的词语,主要是指合金中各组成元素在结晶时分布不均匀的现象。在本书中引入"粒径偏析",用以描述具有相同或相近大小粒径的煤矸石颗粒发生相对聚集的现象。煤矸石的粒径偏析作用只有在煤矸石的倾倒堆积过程中才能表现出来。煤矸石的堆积方法通常采用平地堆积式和塌陷地填充式两种。前者堆积形成煤矸石山,后者回填矸石时塌陷地的形状即是矸石堆积体的形状。平地式堆积过程中煤矸石的粒径偏析作用主要受堆积体坡面长度的影响,长度越长,粒径偏析的效果越明显。塌陷地填充式煤矸石堆积过程中,其倾倒坡面的长度基本维持原来的坡度和长度不变,粒径分布规律受粒径偏析作用的影响基本维持不变。

无论是平地堆积的煤矸石山还是回填区的煤矸石堆积体,都是由不同粒径矸石颗粒以不同比率组成的。Wu 等[97]认为,无论采用何种方式堆积煤矸石,都会不同程度地发生粒径偏析作用,而且不同高度堆积面上矸石颗粒直径也不同。回填塌陷地煤矸石的倾倒坡面通常是呈扇形的,沿着任何一个倾倒坡面,矸石颗粒粒径分布总是表现为:大粒径矸石集中在中下部,向上为中间过渡带,小粒径矸石集中在中上部。

3.4 煤矸石重金属含量特征

煤矸石由于矿物组分复杂,因此所含重金属元素成分也比较多。已有的研究表明,煤矸石中往往含有硫(S)、铁(Fe)、锰(Mn)、铜(Cu)、锌(Zn)、砷(As)、汞(Hg)等元素,有的还含有稀有矿物[98-99]。无论是暴露于自然环境中的煤矸石山还是回填或充填后的煤矸石,由于长时间与周围介质发生物理、化学作用,煤矸石中的重金属元素均会发生迁移转化作用。以堆积于地表的煤矸石山为例,在露天堆放的条件下,受降水侵蚀、风化等作用,煤矸石中的重金属会发生释放、迁移等地球化学行为,释放的重金属元素伴随淋滤液、地表径流等途径迁移到周围环境中,并在周围土壤、水体中发生富集。新鲜煤矸石和旧煤矸石相比,其重金属含量不同,图 3-2 中对比了济宁三矿新鲜矸石和旧矸石中 Cu、Pb、Zn、Cd、Cr、Mn 等 6 种重金属元素的含量。经过自燃、风化等作用后,Cu 的含量变化不大,但其他 5 种重金属含量发生了明显的变化。

不同矿区产出煤矸石的重金属元素含量也有所不同,这是由煤矸石的地域差异性所决定的。武旭仁[100]曾分别在兖州、济宁、滕州三个矿区选取唐口煤矿、小孟煤矿和葛亭煤矿为研究区域,研究了 Pb、Zn、Cu、As 等 4 种重金属

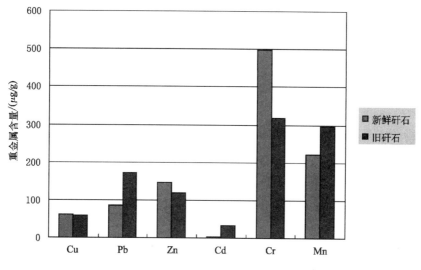

图 3-2 济宁三矿新旧煤矸石中重金属含量对比图

在煤及矸石中的赋存情况,结果表明三个研究区的 4 种重金属含量分布极不均匀。

本书将朝阳煤矿、北徐楼煤矿等 4 个煤矿产出煤矸石进行取样(主要选取旧矸石),采用电感耦合等离子体原子发射光谱法(ICP-AES)测定矸石金属、重金属,采用 BCR 三步提取法对矸石中重金属元素进行提取,所有数据采用 Excel 表格处理。

通过分析研究发现,该 4 个矿区煤矸石重金属元素的分布虽然存在差别,但差别并不是很大,尤其是 Pb、Cr、Cd、Cu、Zn 的含量差别较小。本书将该 5 种重金属元素的平均含量列于表 3-5 中。

表 3-5　煤矸石重金属元素分布　　　　单位:mg/kg

	Cu	Zn	Cd	Pb	Cr
朝阳煤矿	21.08	93.73	0.33	37.35	19.01
北徐楼煤矿	23.63	92.67	0.37	36.05	20.83
滨湖煤矿	23.97	94.48	0.44	35.22	20.96
锦丘煤矿	25.24	89.64	0.38	35.58	18.24
标准偏差	1.74	2.13	0.05	0.93	1.35
变异系数	7.43%	2.30%	11.96%	2.58%	6.83%

从表 3-5 中可以看出，红荷湿地周围 4 个煤矿煤矸石重金属元素分布特点为：锦丘煤矿矸石中 Cu 的含量高于其他三矿，滨湖煤矿矸石中 Zn、Cd、Cr 的含量要高于其他三个煤矿，朝阳煤矿的矸石中 Pb 含量最高。从标准偏差和变异系数来看，4 个煤矿中各重金属元素含量虽然不均匀，但是差异并非很大，Zn、Pb 的分布最均匀，各煤矿中含量变化不大，而 Cu、Cr、Cd 的分布较不均匀，尤其是 Cd 的含量变化最显著。由于朝阳煤矿、北徐楼煤矿、滨湖煤矿和锦丘煤矿下压覆煤层所处地质年代相似，所以煤矸石中重金属元素含量虽有差异，但差别不显著。

为进一步研究煤矸石中重金属元素的富集性，计算了"四矿"中煤矸石重金属元素对大陆地壳丰度富集因子 EF 值，计算结果见表 3-6 中大陆地壳丰度 1。

表 3-6　煤矸石中大陆地壳丰度　　　　　　　单位：mg/kg

	Cu	Zn	Cd	Pb	Cr
大陆地壳丰度 1	25	65	0.1	14.8	126
大陆地壳丰度 2	55	70	0.2	12.5	100
我国华北地区地壳丰度	18	60	0.08	13	52

表 3-6 中列出了地球大陆地壳丰度和鄢明才等[101-103]在 1997 年求得的我国华北地区地壳丰度，对比发现中国华北地区地壳丰度更能实际反映研究区域地壳中重金属元素丰度。煤矸石中重金属元素的富集因子如图 3-3 所示。

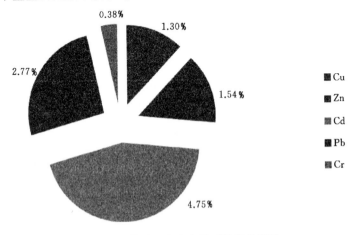

图 3-3　煤矸石中重金属元素富集因子

从图 3-3 中可以看出,Cd、Pb 属于明显富集的元素,Zn、Cu 为相对富集元素,Cr 的富集因子最小($EF<1$),富集量最小。对比山东省土壤重金属含量背景值不难发现,Cu、Cd、Zn、Pb 的含量均超出了土壤背景值,表明如果煤矸石不加以利用,任其堆放或者直接回填陆地塌陷区,矸石中重金属元素会因风化、淋滤等作用不断在背景环境中富集,致使背景环境中重金属含量超标,最终对环境甚至人类健康造成破坏和危害。

3.5　本章小结

本章介绍了红荷湿地研究区域周围煤矿概况和煤矸石特性,分析了煤矸石的粒径偏析作用和矸石重金属元素含量特征,主要得到如下结论:

(1) 当采深小于 1 000 m 时,应用概率积分法分别计算了开采 $3_下$ 煤层计划,开采 $3_下$ 煤层和 $12_下$ 煤层计划,开采 $3_下$ 煤层、$12_下$ 煤层和 16 煤层计划三种方案下红荷湿地重点保护区域的地面下沉量。经过分析比较,认为应该采用充填开采法,开采 $3_下$ 煤层和 $12_下$ 煤层方案对红荷湿地下压覆煤层进行开采。

(2) 红荷湿地周围朝阳煤矿、滨湖煤矿、北徐楼煤矿和锦丘煤矿等 4 个煤矿产出煤矸石的矿物组成和化学性能相差不大,因此可以直接混合用于回填塌陷区。

(3) 通过对 4 个煤矿煤矸石重金属元素含量特征分析,认为虽然各矿中煤矸石重金属元素含量不均匀,但是差异不大,Zn、Pb 的含量分布最均匀,Cu、Cr、Cd 的含量分布存在差异。

第4章　煤矸石中金属元素溶解-释放特征的浸泡试验研究

　　浸泡试验在标的物的溶解特征、溶出率研究等方面起着很重要的作用,而且在环境学、采矿学、农学、建筑学、生物学等领域都有广泛的应用,尤其是在环境污染学方面浸泡试验是常用的研究方法与手段。曹珊珊等[104]通过模拟中性、酸性降雨和垃圾渗滤液浸泡粉煤灰和渣,研究了在中性、酸性介质和垃圾渗滤液浸泡液中粉煤灰和渣所含重金属的分布特征和浸出毒性。刘会虎等[105]也采用浸泡试验方法,模拟雨水浸泡生活垃圾,从而对生活垃圾中重金属元素的迁移特征进行了研究,并用非线性拟合的方法对重金属浸出量浓度与时间关系进行拟合,达到很好的拟合效果。田文杰等[106]通过设计模拟酸雨对工业污染场地表层土壤中多环芳烃释放影响的浸泡试验,分析研究了酸雨对土壤矿物相组成的影响、对土壤中有机质和多环芳烃的释放影响,认为pH 值越小越利于多环芳烃的释放。李玉兰等[107]将气化后的半焦煤灰和渣浸泡,测定浸泡液中 Zn、Cd、Pb、As 等 4 种元素的质量浓度,认为气化状态下 Zn、Cd、Pb、As 对环境污染行为较小。司静等[108]为揭示含植物的土地处理与修复系统中植物衰亡对系统氮磷转化的影响规律,对常见深水植物进行浸泡试验,考察了不同植物类型植物组织溶解对污染物释放的影响。肖利萍等[109-110]将煤矸石浸泡在去离子水中,研究了不同固液比、不同酸度条件对矸石中污染物溶解-释放规律的影响。从已有的研究中不难发现,浸泡试验对于研究重金属污染物、有机物、多环芳烃等难溶难降解物质的溶解-释放特征十分有效。

　　煤矸石中的元素种类很复杂,除了 C、Si、Ca 等常规化学元素,还包括很多金属元素和重金属元素,如 Mg、Fe、Cu、Be、Pb、Cr、Mn、Zn、Cd 等。通常煤矸石在露天堆放情况下由于受到降水、风化等侵蚀作用,其化学物质很容易被释放到周围环境中,影响生态环境,因此,国内外关于煤矸石及其堆放物对地下水、土壤等周围生态环境影响的研究很多,而对于煤矸石完全浸泡在低氧化环境中(如水环境)金属元素的溶解-释放特征还缺乏关注。本章将采用静态浸泡试验方法,以滕州北徐楼煤矿和朝阳煤矿的煤矸石为研究对象,研究室温条件下煤矸石在湿地水环境中金属元素的溶解-释放特征。

4.1　煤矸石静态浸泡试验设计

4.1.1　煤矸石样品的颗粒级配

浸泡试验中所用煤矸石来自山东滕州红荷湿地附近的北徐楼煤矿和朝阳煤矿,煤矸石颗粒粒径差别较大。为掌握矸石颗粒级配情况,对两个煤矿的煤矸石进行了筛分试验,筛孔孔径(mm)分别为 500、200、100、50、25、10、6、3、1、0.5 和 0.07 等 11 级,现场筛分试验所得煤矸石粒径分布曲线如图 4-1 所示。

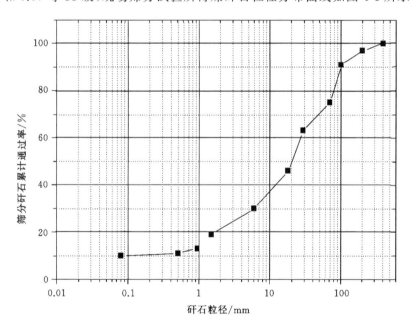

图 4-1　煤矸石筛分粒径分布图

从图 4-1 中可以看出,北徐楼煤矿和朝阳煤矿的煤矸石粒径分布范围广泛,颗粒粒径范围涵盖了细粒组的粉粒至巨粒组的漂石。根据该矿煤矸石粒径分布曲线可知,颗粒级配曲线连续,不存在平台阶段:$d_{10}=0.8$ cm,$d_{30}=6.25$ cm,$d_{60}=29$ cm;计算其不均匀系数 C_u 和曲率系数 C_s:

$$C_u=d_{60}/d_{10}=36.25$$

$$C_s = d_{30}^2/(d_{10} \times d_{60}) = 1.69$$

满足 $C_u > 5$ 和 $C_s = 1 \sim 3$。结合上述各种条件,说明北徐楼煤矿和朝阳煤矿的外排煤矸石颗粒级配良好。

4.1.2 试验方法

目前,国内研究者通常依据《固体废物 浸出毒性浸出方法 翻转法》(GB 5086.1—1997)、《固体废物 浸出毒性浸出方法 水平振荡法》(GB 5086.2—1997),确定煤矸石静态浸泡和淋溶试验方法,试验过程中的浸泡液或淋溶液则根据研究目的选择蒸馏水或是具有不同 pH 值的溶液。这种试验方法的优点是能够短时间内清楚地观测到溶液中化学元素的浓度变化规律,掌握 pH 值的变化情况。但是在本书设计的浸泡试验中,这种以蒸馏水或其他溶液作浸泡液的方法并不适用,无法真实反映实际环境介质对金属元素溶出、释放的影响,因此浸泡试验过程中要求最大限度依据实际环境进行设计。以浸泡液或淋溶液中 pH 值变化为例,随着试验的进行,H^+ 浓度的增加会导致 pH 值的变化,而事实上由于湿地塌陷区的面积与整个湿地面积相比小很多,煤矸石在湿地水环境中释放的 H^+ 浓度对湿地水环境的 pH 值影响不大,因此,整个试验过程中需要维持 pH 值稳定。

已有的煤矸石静态浸泡试验中所用浸泡液均为蒸馏水,得出的试验结果仅适用于实验室研究,而无法将结果用于实际水体中矸石溶解释放研究。为解决该问题,本试验改用红荷湿地的水作浸泡试验的浸泡液,且不对浸泡液进行任何强酸或强碱环境调试,试验时分冬天和夏天两个季节在室温下进行试验,这样既可以使浸泡试验的环境温度趋于实际情况,又便于研究不同温度条件下煤矸石金属元素的溶解-释放特征。

根据第 2 章中煤矸石矿物组分分析研究结果,红荷湿地周围"四矿"产出煤矸石的矿物组分和化学性能相差不大,因此本次试验选取距塌陷区最近的北徐楼煤矿和朝阳煤矿中的已风化煤矸石作为样品,将两个矿的矸石样品分别标记为样品 1(记为 Y1)和样品 2(记为 Y2),将破碎后的煤矸石按"微缩四分法"均匀混合,并按照试验要求分组、编号,详见表 4-1。虽然煤矸石化学组分差异对金属元素溶解释放存在影响,但由于第 2 章中对煤矸石的化学组成分析表明红荷湿地周围煤矿煤矸石样品的化学组成差别不大,所以从理论上说本次浸泡试验中将采自两个不同煤矿的煤矸石完全混合并不会对结果产生很大影响。但是为了使试验结果更加可靠,试验过程中将相同粒径(粒径范围为 5～8 cm)的煤矸石样品 1 和样品 2 作为一组,以便于对结果进行比对;为了研究煤矸石粒径大小对各金属元素溶解-释放的影响,将样品 1 中的煤矸石按照粒径不同分为<0.5 cm、0.5~2 cm、2~5 cm、5~8 cm、8~12 cm、12~20 cm、>20 cm 等共 7 组,研究相同种类不同粒径煤矸石颗粒的金属元素溶解-释放规律。在矸石样品制备之前,需要先去除煤矸石中的杂物,按照实际筛分曲线的颗粒配比,将煤矸石放入岩石破碎机进行破碎,然后筛分、称重,最终制备得试验用煤矸石粒级配,见表 4-2。

表 4-1　试验样品分组及编号

分组名称	编号	矸石粒径
相同粒径不同成分(S1)	Y1(5~8)	样品 1,粒径为 5~8 cm
	Y2(5~8)	样品 2,粒径为 5~8 cm
同种类不同粒径(S2)	Y1(<0.5)	样品 1,粒径为<0.5 cm
	Y1(0.5~2)	样品 1,粒径为 0.5~2 cm
	Y1(2~5)	样品 1,粒径为 2~5 cm
	Y1(5~8)	样品 1,粒径为 5~8 cm
	Y1(8~12)	样品 1,粒径为 8~12 cm
	Y1(12~20)	样品 1,粒径为 12~20 cm
	Y1(>20)	样品 1,粒径为>20 cm

表 4-2　煤矸石样品粒级配比及质量

粒径/cm	百分比/%	质量/kg	粒径/cm	百分比/%	质量/kg
<0.5	10	6	8~12	10	6
0.5~2	10	6	12~20	15	9
2~5	20	12	>20	5	3
5~8	30	18			

4.1.3　煤矸石的典型金属元素含量

本次试验是为了研究煤矸石中金属元素尤其是重金属元素在浸泡后的释放特征,因此其释放量、释放后的溶解浓度是主要研究的内容。首先测定煤矸石中典型金属元素的含量。取 Y1 和 Y2 的两个矸石样品各约 100 g,制成粉末,用王水-氢氟酸-高氯酸的方法消解,然后用原子吸收分光光度法进行测定[111],结果见表 4-3。

表 4-3　煤矸石样品中金属含量　　　　单位：mg/100 g

	Al	Mg	Fe	Cu	Zn	Pb	Cd	Cr
Y1	16.84 ±0.3	1.88 ±0.2	7.38 ±0.5	0.61 ±0.03	0.03 ±0.000 2	0.83 ±0.006	0.02 ±0.000 3	1.39 ±0.08
Y2	17.21 ±1.1	2.03 ±0.02	6.07 ±0.2	0.52 ±0.03	0.05 ±0.000 8	0.78 ±0.004	0.03 ±0.000 7	2.6 ±0.02

4.1.4　试验仪器

（1）TAS986 原子吸收分光光度计(图 4-2)

将两个矿的矸石样品分别标记为 Y1 和 Y2，每种样品粉碎，过 200 目筛，制成粉末状颗粒，然后用王水-氢氟酸-高氯酸消解；配制各待测金属元素的标准溶液系列，然后用 TAS986 原子吸收分光光度计测定样品金属含量。

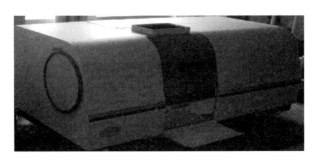

图 4-2　TAS986 原子吸收分光光度计

（2）pH 计

试验中静态溶液 pH 值测定选用的是 pHS-2C 型精密 pH 计，如图 4-3 所示，在测定前需要用 pH 值为 4.00 和 7.00 的标准缓冲溶液对电极进行校准。

（3）紫外-可见分光光度计

本试验需要分析煤矸石浸泡液中金属元素含量，因此需要用紫外-可见分光光度计来进行分析测定。本次使用的紫外-可见分光光度计由日本岛津生产，型号为 UV-2550 型(图 4-4)。使用该仪器可以分析浸泡液中 Cu^{2+}、Zn^{2+}、$Fe^{2+(3+)}$、Al^{2+}、Mg^{2+}、Cd^{2+}、Cr^{3+} 等离子的浓度，进而可以计算出浸泡液中煤矸石溶解、释放金属元素的量及释放率。

图 4-3　pHS-2C 型精密 pH 计

图 4-4　UV-2550 型紫外-可见分光光度计

4.1.5　试验步骤设计

（1）将制备好的所有煤矸石样品用自来水进行清洗，自然风干，然后将所有样品分组并做标记。

（2）各取样品 200 g，分别装入容积为 2 L 的烧杯中，并在每个烧杯中注入 1 000 mL 红荷湿地的水（图 4-5）。

（3）用 pHS-2C 型精密 pH 计测得红荷湿地水的 pH 值为 6.83，在试验过程中利用缓冲液维持浸泡液的 pH 值恒定。

（4）根据肖丽萍等[109-110]的研究结果，煤矸石中各组分的释放速率在开始的一段时间内较快，而后期变缓。因此本试验初期密集取样，而后逐步加长间隔取样的时间，取样时间分别为：30 min、1 h、1.5 h、2 h、3 h、4 h、6 h、10 h、24 h、2 d、4 d、8 d、15 d、30 d、60 d、100 d、150 d。每次取样 5～10 mL，取样后

图 4-5　矸石样品浸泡

加入相同体积的湿地水,以保持浸泡液体积恒定。

(5)根据设定的时间取样,每次取浸泡液 5 mL,将样品溶液用 0.1 μm 醋酸纤维薄膜过滤,然后用 pH 值为 1 的硝酸酸化,分析其中的 Mg^{2+}、$Fe^{2+(3+)}$、Al^{2+}、Cu^{2+}、Zn^{2+} 等代表性金属离子含量;由于 Cd、Cr、Pb 等属重金属元素的影响,因此对取得的样品溶液采用王水-氢氟酸-高氯酸的方法消解,然后分析其中 Cd、Cr、Pb 等元素的离子含量。

(6)使用 UV-2550 型紫外-可见分光光度计对所取水样进行化学成分分析测定,并记录数据。

(7)为尽量缩小试验误差的影响,上述浸泡液样品在进行测定时,均分成三份溶液,分三次测定,然后计算每次取样测定结果的平均值。

4.2　煤矸石中金属元素溶解-释放浓度

4.2.1　浸泡试验结果

为了能够准确地分析研究矸石浸泡后释放各金属和重金属元素浓度的变化,本试验在处理浸泡试验数据时,首先将测定的各金属和重金属元素含量减去湿地水中相应金属和重金属元素的环境背景值,然后将试验结果进行整理,得到 Al、Mg、Cu、Fe、Zn、Cd、Cr、Pb 等金属、重金属元素的离子释放浓度,见表 4-4～表 4-11。

表 4-4　Mg²⁺ 的释放浓度　　　　　　　　单位:mg/L

时间/h	Y2 (5~8)	Y1 (5~8)	Y1 (<0.5)	Y1 (0.5~2)	Y1 (2~5)	Y1 (8~12)	Y1 (12~20)	Y1 (>20)
0.5	0.023	0.075	0.53	0.03	0.01	0.02	0.02	0.02
1	0.09	0.11	0.65	0.05	0.04	0.03	0.02	0.02
1.5	0.13	0.16	2.50	0.13	0.08	0.05	0.03	0.03
2	0.16	0.20	3.10	0.21	0.15	0.06	0.05	0.04
3	0.23	0.24	3.18	0.39	0.19	0.08	0.07	0.04
4	0.38	0.35	3.25	0.45	0.23	0.09	0.07	0.05
6	0.49	0.46	3.47	0.50	0.38	0.13	0.09	0.06
10	0.61	0.53	3.53	0.69	0.44	0.15	0.11	0.08
24	0.66	0.57	3.62	0.76	0.53	0.18	0.13	0.11
48	0.70	0.69	3.95	0.99	0.67	0.19	0.16	0.13
96	0.77	0.77	3.80	1.11	0.81	0.22	0.18	0.16
192	0.90	0.92	3.82	1.33	0.93	0.28	0.21	0.18
360	1.11	1.11	4.16	1.73	1.09	0.37	0.23	0.20
720	1.11	1.40	4.34	2.00	1.81	0.46	0.26	0.23
1 440	1.60	1.85	4.40	2.81	2.26	0.62	0.30	0.28
2 400	1.82	2.13	4.60	3.05	2.30	0.92	0.38	0.34
3 600	1.90	2.56	5.50	3.67	2.80	1.28	0.45	0.39

表 4-5　Cr³⁺ 的释放浓度　　　　　　　　单位:mg/L

时间/h	Y2 (5~8)	Y1 (5~8)	Y1 (<0.5)	Y1 (0.5~2)	Y1 (2~5)	Y1 (8~12)	Y1 (12~20)	Y1 (>20)
0.5	0.02	0.010	0.03	0.03	0.028	0.015	0.015	0.015
1	0.03	0.015	0.05	0.06	0.033	0.018	0.018	0.018
1.5	0.06	0.015	0.11	0.11	0.05	0.025	0.025	0.025
2	0.08	0.016	0.16	0.13	0.057	0.029	0.029	0.029
3	0.083	0.022	0.20	0.18	0.069	0.033	0.033	0.033
4	0.092	0.028	0.29	0.25	0.076	0.037	0.037	0.037
6	0.096	0.036	0.32	0.29	0.081	0.039	0.039	0.039
10	0.11	0.040	0.38	0.32	0.086	0.039	0.039	0.039

表 4-5(续)

时间 /h	Y2 (5~8)	Y1 (5~8)	Y1 (<0.5)	Y1 (0.5~2)	Y1 (2~5)	Y1 (8~12)	Y1 (12~20)	Y1 (>20)
24	0.12	0.045	0.44	0.38	0.091	0.040	0.040	0.040
48	0.14	0.063	0.56	0.41	0.10	0.048	0.048	0.048
96	0.15	0.060	0.58	0.46	0.12	0.051	0.051	0.048
192	0.158	0.065	0.58	0.49	0.13	0.055	0.055	0.048
360	0.183	0.064	0.61	0.50	0.16	0.058	0.055	0.050
720	0.21	0.089	0.62	0.53	0.20	0.062	0.055	0.050
1 440	0.33	0.158	0.75	0.53	0.25	0.070	0.058	0.054
2 400	0.39	0.186	1.03	0.58	0.29	0.080	0.059	0.054
3 600	0.46	0.272	1.47	0.62	0.34	0.011	0.062	0.055

表 4-6　Pb^{2+} 的释放浓度　　　　　单位:mg/L

时间 /h	Y2 (5~8)	Y1 (5~8)	Y1 (<0.5)	Y1 (0.5~2)	Y1 (2~5)	Y1 (8~12)	Y1 (12~20)	Y1 (>20)
0.5	0.020	0.020	0.030	0.020	0.030	0.010	0.010	0.010
1	0.030	0.026	0.040	0.040	0.033	0.030	0.010	0.010
1.5	0.050	0.039	0.060	0.040	0.038	0.030	0.010	0.010
2	0.070	0.058	0.110	0.080	0.046	0.040	0.010	0.010
3	0.075	0.062	0.150	0.100	0.055	0.050	0.016	0.010
4	0.079	0.066	0.200	0.180	0.063	0.050	0.020	0.016
6	0.083	0.073	0.240	0.260	0.068	0.060	0.028	0.020
10	0.085	0.080	0.300	0.320	0.070	0.060	0.028	0.020
24	0.088	0.085	0.360	0.350	0.070	0.060	0.032	0.024
48	0.090	0.092	0.470	0.040	0.076	0.070	0.044	0.030
96	0.960	0.099	0.530	0.040	0.079	0.080	0.046	0.038
192	0.100	0.110	0.770	0.660	0.093	0.103	0.050	0.040
360	0.120	0.110	1.070	0.690	0.110	0.150	0.050	0.042
720	0.150	0.130	1.320	1.210	0.110	0.190	0.050	0.046
1 440	0.270	0.190	1.390	1.250	0.270	0.350	0.080	0.042
2 400	0.360	0.240	1.440	1.320	0.330	0.430	0.080	0.050
3 600	0.410	0.330	1.650	1.360	0.510	0.550	0.080	0.050

表 4-7　Zn²⁺ 的释放浓度　　　　　单位：mg/L

时间 /h	Y2 (5~8)	Y1 (5~8)	Y1 (<0.5)	Y1 (0.5~2)	Y1 (2~5)	Y1 (8~12)	Y1 (12~20)	Y1 (>20)
0.5	0.04	0.03	0.31	0.02	0.03	0.008	0.009	0.008
1	0.06	0.04	0.45	0.03	0.04	0.01	0.01	0.01
1.5	0.07	0.06	0.60	0.05	0.08	0.02	0.01	0.01
2	0.08	0.08	0.73	0.06	0.11	0.04	0.02	0.01
3	0.11	0.13	0.81	0.07	0.11	0.06	0.04	0.02
4	0.14	0.16	0.90	0.07	0.12	0.10	0.06	0.04
6	0.16	0.18	1.11	0.08	0.14	0.13	0.089	0.07
10	0.21	0.23	1.20	0.11	0.16	0.17	0.12	0.11
24	0.24	0.26	1.32	0.118	0.18	0.22	0.12	0.12
48	0.28	0.31	1.41	0.126	0.23	0.238	0.14	0.12
96	0.34	0.38	1.54	0.14	0.22	0.26	0.146	0.128
192	0.40	0.42	1.58	0.16	0.25	0.273	0.161	0.134
360	0.08	0.06	1.62	0.13	0.09	0.08	0.10	0.05
720	0.04	0.03	1.51	0.06	0.03	0.04	0.01	0.01
1 440	0.02	0.03	1.37	0.02	0.03	0.01	0.01	0.004
2 400	0.02	0.01	0.45	0.02	0.02	0.01	0.01	0.004
3 600	0.02	0.01	0.18	0.02	0.02	0.01	0.01	0.004

表 4-8　Cd²⁺ 的释放浓度　　　　　单位：mg/L

时间 /h	Y2 (5~8)	Y1 (5~8)	Y1 (<0.5)	Y1 (0.5~2)	Y1 (2~5)	Y1 (8~12)	Y1 (12~20)	Y1 (>20)
0.5	0.03	0.05	0.04	0.02	0.03	0.02	0.01	0.01
1	0.04	0.11	0.06	0.04	0.04	0.03	0.01	0.01
1.5	0.06	0.15	0.10	0.04	0.06	0.05	0.01	0.01
2	0.08	0.18	0.16	0.04	0.08	0.06	0.02	0.02
3	0.08	0.19	0.31	0.07	0.11	0.08	0.02	0.02
4	0.11	0.32	0.54	0.09	0.14	0.09	0.02	0.02
6	0.12	0.48	0.60	0.103	0.152	0.09	0.02	0.02
10	0.13	0.59	0.72	0.116	0.168	0.11	0.02	0.02

表 4-8(续)

时间/h	Y2 (5～8)	Y1 (5～8)	Y1 (<0.5)	Y1 (0.5～2)	Y1 (2～5)	Y1 (8～12)	Y1 (12～20)	Y1 (>20)
24	0.15	0.62	0.79	0.135	0.176	0.11	0.02	0.02
48	0.157	1.18	0.88	0.142	0.18	0.12	0.03	0.03
96	0.177	1.40	0.96	0.157	0.188	0.13	0.04	0.03
192	0.186	1.41	1.05	0.164	0.195	0.14	0.05	0.03
360	0.193	1.50	1.08	0.21	0.24	0.15	0.06	0.05
720	0.21	1.60	1.12	0.26	0.29	0.15	0.10	0.05
1 440	0.28	1.68	1.16	0.35	0.35	0.20	0.12	0.09
2 400	0.36	1.76	1.31	0.44	0.4	0.25	0.14	0.11
3 600	0.45	2.18	1.53	0.73	0.56	0.31	0.15	0.12

表 4-9　Al^{3+} 的释放浓度　　　　单位:mg/L

时间/h	Y2 (5～8)	Y1 (5～8)	Y1 (<0.5)	Y1 (0.5～2)	Y1 (2～5)	Y1 (8～12)	Y1 (12～20)	Y1 (>20)
1	0.004	0.004	0.005	0.002	0.004	0.002	0.001	0.001
2	0.011	0.008	0.008	0.011	0.009	0.008	0.002	0.001
3	0.011	0.007	0.017	0.014	0.002	0.01	0.004	0.002
4	0.006	0.003	0.006	0.009	0.002	0.003	0.004	0.002
6	0.002	0.003	0.008	0.003	0.002	0.003	0.008	0.006
10	0.002	0.002	0.003	0.003	0.002	0.003	0.002	0.003
24	0.002	0.002	0.003	0.003	0.002	0.001	0.001	0.001
48	0.002	0.002	0.002	0.002	0.002	0.001	0.001	0.001
96	0.002	0.002	0.002	0.002	0.002	0.001	0.001	0.001
192	0.002	0.002	0.002	0.002	0.002	0.001	0.001	0.001
360	0.002	0.002	0.002	0.002	0.002	0.001	0.001	0.001
720	0.002	0.002	0.002	0.002	0.002	0.001	0.001	0.001
1 440	0.002	0.002	0.002	0.002	0.002	0.001	0.001	0.001
2 400	0.002	0.002	0.002	0.002	0.002	0.001	0.001	0.001

表 4-10　Fe³⁺ 的释放浓度　　　　　　　　单位:mg/L

时间/h	Y2 (5～8)	Y1 (5～8)	Y1 (<0.5)	Y1 (0.5～2)	Y1 (2～5)	Y1 (8～12)	Y1 (12～20)	Y1 (>20)
1	0.000 2	0.000 2	0.000 3	0.000 3	0.000 2	0.000 1	0.000 1	0.000 1
2	0.000 3	0.000 6	0.000 8	0.000 6	0.000 3	0.000 1	0.000 2	0.000 2
3	0.000 5	0.001	0.012	0.016	0.000 9	0.000 8	0.000 4	0.000 3
4	0.028	0.023	0.035	0.028	0.036	0.01	0.000 8	0.000 5
6	0.002	0.005	0.01	0.007	0.004	0.004	0.000 2	0.01
10	0.043	0.018	0.025	0.019	0.057	0.02	0.01	0.000 7
24	0.084	0.046	0.03	0.05	0.13	0.08	0.000 5	0.000 5
48	0.003	0.006	0.16	0.11	0.003	0.02	0.008	0.006
96	0.002	0.003	0.22	0.16	0.003	0.006	0.003	0.001
192	0.002	0.002	0.08	0.05	0.002	0.001	0.001	0.001
360	0.002	0.002	0.08	0.05	0.002	0.001	0.000 6	0.000 2
720	0.002	0.002	0.08	0.03	0.002	0.001	0.000 2	0.000 2
1 440	0.001	0.001	0.03	0.03	0.001	0.001	0.000 2	0.000 2
2 400	0.001	0.001	0.03	0.01	0.001	0.001	0.000 2	0.000 2

表 4-11　Cu²⁺ 的释放浓度　　　　　　　　单位:mg/L

时间/h	Y2 (5～8)	Y1 (5～8)	Y1 (<0.5)	Y1 (0.5～2)	Y1 (2～5)	Y1 (8～12)	Y1 (12～20)	Y1 (>20)
1	0.02	0.05	0.03	0.05	0.02	0.01	0.01	0.01
2	0.02	0.03	0.03	0.06	0.05	0.03	0.01	0.02
3	0.06	0.08	0.08	0.10	0.08	0.04	0.06	0.02
4	0.12	0.09	0.14	0.16	0.10	0.07	0.08	0.05
6	0.14	0.16	0.21	0.20	0.15	0.09	0.07	0.08
10	0.26	0.21	0.40	0.35	0.19	0.10	0.08	0.08
24	0.34	0.24	0.46	0.40	0.26	0.15	0.10	0.10
48	0.18	0.12	0.38	0.27	0.20	0.16	0.08	0.06
96	0.10	0.06	0.02	0.06	0.05	0.03	0.02	0.01
192	0.04	0.03	0.02	0.02	0.03	0.03	0.02	0.01
360	0.02	0.03	0.01	0.02	0.03	0.01	0.02	0.01
720	0.02	0.03	0.01	0.02	0.03	0.01	0.02	0.01
1 440	0.02	0.01	0.01	0.01	0.01	0.01	0.01	0.01
2 400	0.02	0.02	0.01	0.02	0.01	0.01	0.01	0.01

4.2.2 结果讨论

从表4-4～表4-11中可以看出,相同粒径不同成分煤矸石的金属离子溶出浓度差别不大,相同成分不同粒径的煤矸石样在整个浸泡过程中释放的金属离子浓度变化均呈现出各自的特征。以粒径为5～8 cm的样品为例,Al、Mg、Cu、Fe、Zn、Cd、Cr、Pb等金属元素的离子释放浓度按照从低到高的顺序排列为Mg>Pb>Cd>Cr>Zn>Cu>Al>Fe;对于每种金属元素而言,煤矸石粒径的大小对其离子释放浓度有很大影响,浸出液中金属离子浓度的高低与煤矸石的粒径大小成反比。

从环境化学的角度来说,在水环境中除了Fe、Al、Mg等金属元素离子可溶于水外,其他几种重金属离子在水中均不以简单离子形式存在,而主要以各种配离子形式存在。这是因为水环境是多相电介质,存在多种反应:离子-离子反应、离子-溶剂反应、离子-固体反应、水解-水合、络合、沉淀-溶解、氧化-还原、生化反应等。金属离子(包括重金属离子)在水环境中的环境化学行为极为复杂。对于羟基型配合物,其溶解度随pH值的变化而发生变化,国内有学者研究了pH值对Cu、Cd、Zn、Pb羟基配合物平衡的影响,发现当这些金属羟基配合物达到饱和浓度析出沉淀时,pH值的范围是不一样的,$Zn(OH)_2$的pH值为8.0～9.0,$Cu(OH)_2$的pH值为7.0～9.0,$Cd(OH)_2$的pH值为9.5～10.5,$Pb(OH)_2$的pH值为10.3～11.2。当pH值低于或高于上述取值范围时,各金属羟基配合物的溶解度均会变大,此时溶解在溶液中的离子浓度也会变大。

在水环境化学中与pH值直接相关的是羟基的浓度。近年来,人们认为羟基配合作用是影响一些金属包括难溶盐类重金属溶解的重要因素。由于受pH值的影响,金属氢氧化物的沉淀-溶解反应、水解作用以及羟基(OH^-)对金属的络合作用都会受到影响。将金属用M来表示,则水环境中金属氢氧化物的浓度与pH值之间的关系可推导如下:

$$M(OH)_n = nOH^- + nM^{n+} \tag{4-1}$$

$$K_{sp} = [M^+][OH^-]_n \tag{4-2}$$

$$[M^+] = K_{sp}/[OH^-] \tag{4-3}$$

$$K_w = [H^+][OH^-] \tag{4-4}$$

将式(4-2)、式(4-4)代入式(4-3)并两边取对数得:

$$\log[M^+] = \log K_{sp} - n\log K_w - n\text{pH} \tag{4-5}$$

上述公式中,K_{sp}表示金属的溶度积常数;K_w表示水的离子积常数,当水的 pH 值和 K_w 都不变时,金属在溶液中的浓度与 K_{sp} 成正比。在本试验中,水的 pH 值已经固定不变,查溶度积常数表可得试验中各被测金属离子的溶度积常数大小,因此可定性分析出浸泡液中各金属离子的浓度顺序为 Mg>Pb>Cd>Cr>Zn>Cu>Al>Fe,这与试验的结果基本一致,试验数据具有可靠性。当金属氢氧化物在溶液中浓度达到产生沉淀的溶度积浓度时,即可产生沉淀,此时溶液中的金属氢氧化物浓度降低,导致待测金属离子的浓度也会降低,这也恰好解释了为什么 Cu、Zn、Al、Fe 等金属离子浓度先高后低。

由于煤矸石中硫化物的存在,浸泡试验过程中为维持 pH 值而频繁加入的 HNO_3 使得 S^{2-} 转变为 SO_4^{2-},溶解于水中的 Fe^{2+} 被氧化成为 Fe^{3+},生成了溶解度更低的 $Fe(OH)_3$ 沉淀,因此溶液中 Fe^{3+} 浓度较低。

图 4-6 给出了不同粒径相同组分和相同粒径不同组分的煤矸石在浸泡试验中释放出 Cu、Cr、Al、Fe 等 8 种金属离子累计浓度的时间变化图。对于同粒径不同组分的煤矸石样品(以每幅图中前两组柱状图表示),Y1 号矸石样品中的 Cr、Pb、Al、Cu、Fe 等 5 种金属离子的浓度低于 Y2 号矸石样品;而 Y1 号矸石样品中 Mg、Zn、Cd 等 3 金属离子的浓度则高于 Y2 号矸石样品。出现此种结果的原因是:虽然 Y1 号矸石样品所在的北徐楼煤矿和 Y2 号矸石样品所在的朝阳煤矿属于同一地质年代,两矿区相距也不远,但在岩石结构和组成上还是有差异的,这种岩石矿物组成的差异致使煤矸石中元素成分组成存在差异,最终使两矿煤矸石浸泡试验浸出液中重金属浓度结果有所不同。对相同组分不同粒径的煤矸石样品,矸石粒径的大小对每种金属离子的释放程度具有很大影响,粒径<0.5 cm、0.5～2 cm、2～5 cm 的矸石样品释放金属离子的浓度均明显大于其他粒径的矸石样品。这是由于煤矸石浸泡在浸泡液中,小粒径矸石表面与浸泡液的接触面积比大粒径矸石的要大,即小粒径煤矸石的比表面积要大于大粒径矸石的比表面积。所以浸泡试验中煤矸石粒径越小越利于其金属元素的溶解-释放,而大粒径的煤矸石样品释放的金属离子浓度则相对较低甚至很低。

Mg、Cr、Pb、Cd 的累积浓度在整个试验过程中随着时间的增加而增加,且在试验的前 3～6 h 内 4 种金属离子的浓度迅速增加,属于快速释放期,而后金属离子释放速度放缓。Zn、Cu、Fe、Al 则不同,离子浓度在前期达到峰值后,由于受到(OH⁻)络合作用的影响生成氢氧化物沉淀,导致浓度又迅速降低。

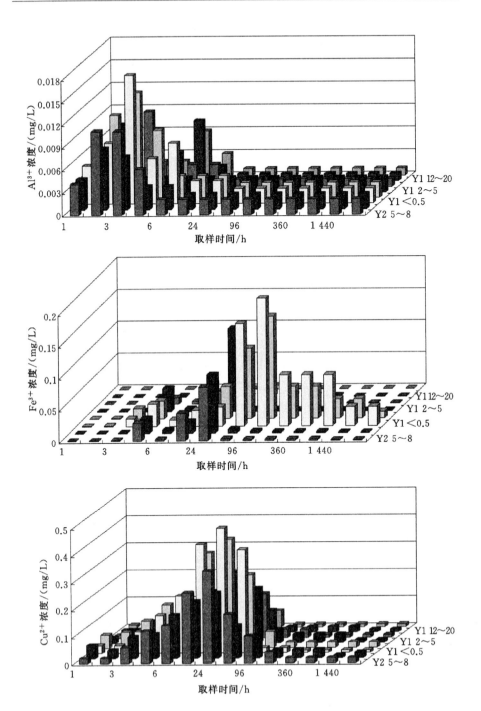

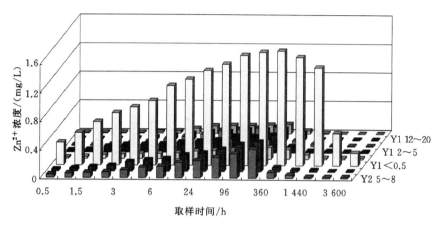

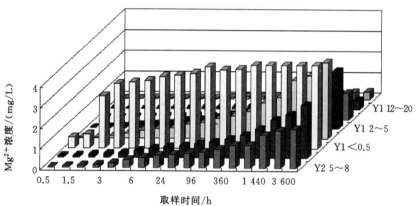

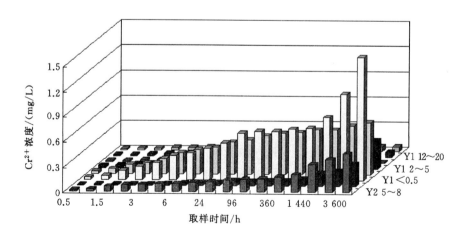

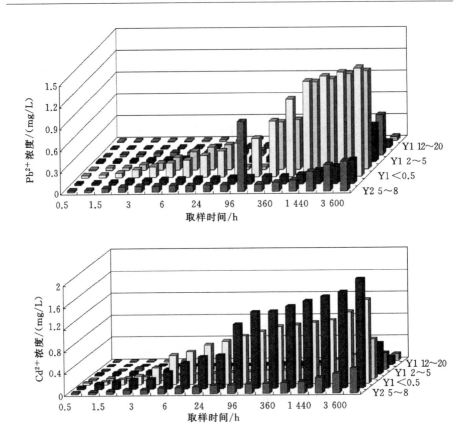

图 4-6　不同粒径同组分、同粒径不同组分矸石中 8 种金属离子
湿地水浸泡环境下累积浓度的时间变化柱状图

4.3　煤矸石金属、重金属离子释放特征的回归分析

4.3.1　回归分析

回归分析是一种处理自变量与因变量间相互关系的数理统计方法,通过该方法能够从大量观测的散点数据中寻找到反映事物内部的一些关系,并用数学模型表达出来,该模型就是回归方程(也叫回归模型)。

本小节中将不同粒径煤矸石浸泡液中 Mg、Cr、Pb、Cd、Zn、Cu、Fe、Al 等 8 种金属元素的离子浓度(mg/L)与矸石粒径进行回归分析,以期能够找到该 8

种金属溶解-释放浓度与煤矸石粒径间的相关关系。将不同矸石粒径下浸泡液中 8 种金属元素离子的累积浓度随时间变化规律作图可以发现，由于时间的跨度（0～3 600 h）非常大，作出的图像前面非常密集而后面很分散，难以反映出规律，所以此处需要将时间轴数据做对数处理。将时间 t 取以 10 为底的对数（记为 $\lg t$）作为横轴，各金属离子的累积浓度为纵轴，然后作散点图。

从各金属累积浓度变化的散点图中可以看出，Cd、Mg、Pb、Cr 等 4 种金属的累积浓度均随时间的增加而增加，且增速先快后慢；Cu、Zn、Al、Fe 等 4 种金属的累计浓度随时间的增加呈先增长后降低的趋势。根据以往的回归经验，前四种金属浓度变化曲线符合一元三次多项式，后四种金属浓度变化曲线符合高斯分布。由此建立该 8 种金属元素溶解-释放特征的回归方程如下：

$$
\begin{cases}
y = y_0 + ax^3 + bx^2 + cx + \varepsilon \\
y = y_0 + \dfrac{A}{w\sqrt{\pi/2}} e^{-2\frac{(x-x_0)^2}{w^2}} + \varepsilon \\
E\varepsilon = S, D\varepsilon = R^2
\end{cases}
\tag{4-6}
$$

由于 y 与 x 之间是不完全确定的函数关系，因此必须把随机波动产生的影响考虑在内，即式（4-6）中 ε；在一元三次多项式和高斯公式中，a、b、w、A 和 y_0 均是对应于每个曲线的固定参数，也称回归系数，要得到详细的回归方程，必须通过计算得出它们的值；R^2 为方差，它代表方程中其他随机变量对 y 的影响，R^2 越大表示观测值与拟合值比较靠近，意味着整体散点图与回归方程曲线的拟合程度较好；S 为剩余标准差，它的值越小，表示散点与回归方程曲线的偏离度越小。

4.3.2　回归模型的建立

将不同粒径煤矸石浸泡液中 Mg、Cr、Pb、Cd、Zn、Cu、Fe、Al 等 8 种金属元素离子的累积浓度（mg/L）随时间（$\lg t$）变化特征作曲线，如图 4-7 所示。

从图 4-7 中可以看出，8 种金属元素离子浓度的溶解-释放特征随时间变化趋势可分为两类：一类是 Cu、Al、Fe、Zn 等 4 种金属元素离子的时间变化曲线，遵循高斯分布模式，每种金属元素离子浓度变化几乎都存在快速释放期和快速消减期，即浸泡试验的前期迅速溶解释放，达到峰值后浓度又迅速降低，此种现象的出现主要是与溶度积有关；第二类是 Mg、Cr、Pb、Cd 等 4 种金属元素离子浓度-时间变化曲线，符合多项式分布模式，每种污染物在浸泡试验初期浓度迅速增加，进入快速释放期之后浓度梯度变化减小，然后进入慢速释放期，最后浓度变化基本维持不变，进入稳定期。

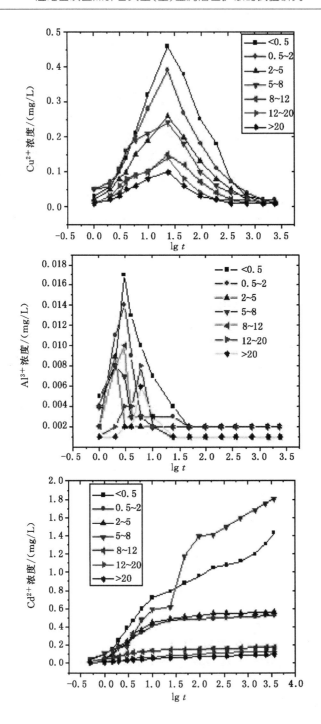

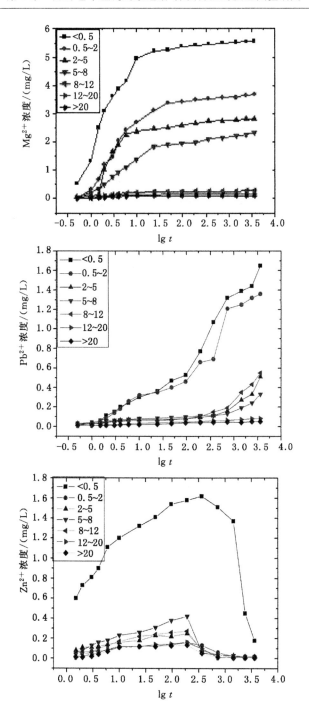

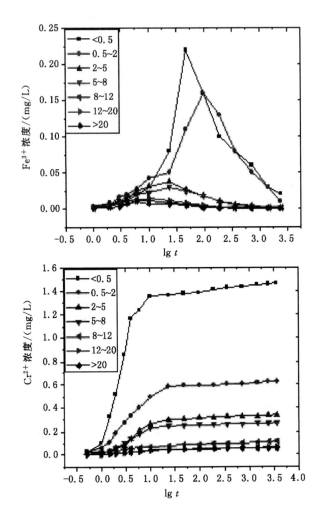

图 4-7 不同粒径煤矸石浸泡液中 8 种金属离子浓度-时间对数变化曲线

在每种金属元素离子浓度-时间变化曲线中,不同粒径下煤矸石溶解释放的金属元素浓度也有所不同。Cu、Al、Mg、Pb、Fe、Cr 的离子浓度变化曲线中,均是<0.5 cm、0.5~2 cm 两种粒径对应的金属污染物离子浓度高于其他粒径矸石浸泡液中的浓度;而 Cd、Cr 则是<0.5 cm、5~8 cm 两种矸石粒径对应的金属离子浓度高于其他粒径矸石浸泡液中的浓度。这说明在实际浸泡的条件下,煤矸石溶解释放的金属离子浓度并非都与矸石粒径呈正比关系,粒径大小只是影响重金属元素溶解的因素之一,而这也是与已有研究结果的不同

之处。已有的矸石浸泡研究试验完全以去离子水或蒸馏水作为浸泡液,片面地强调酸性、碱性、氧化还原环境等单一环境条件下煤矸石中重金属元素的溶出规律,实际上在自然环境的浸泡过程中除了水的酸碱性及环境的氧化还原条件外,水中微生物的分解作用及络合作用、底泥对金属的吸附作用等都会影响金属元素的溶解与释放。

以浸泡试验各污染物的累积浓度为 y 轴,浸泡时间的对数($\lg t$)为 x 轴,将试验测得的浓度代入式(4-6)相应的回归方程中,最终获得 Mg、Cr、Pb、Cd、Zn、Cu、Fe、Al 等 8 种金属元素离子的累积浓度(mg/L)与时间对数($\lg t$)的回归方程,建立的回归分析模型见表 4-12。

对比表 4-12 中各回归方程的方差分析和显著性检验结果发现:粒径＞20 cm,Fe^{3+} 浓度回归方程 $R^2=0.89$;粒径 2～5 cm,Zn^{2+} 浓度回归方程 $R^2=0.86$;粒径 2～5 cm、12～20 cm,Al^{3+} 浓度回归方程 $R^2=0.86$;除此之外其他粒径矸石的溶出金属元素离子浓度回归方程的相关性系数均达到0.9,说明相关性很高。对每种金属元素而言,不同粒径煤矸石中粒径越小,其初始溶解释放量越大,且大粒径与小粒径间初始溶解释放量差值也不同。Al^{3+} 最大相差0.001 2 mg/L,Cd^{2+} 最大相差 0.064 7 mg/L,Cr^{3+} 最大相差 0.023 6 mg/L,Cu^{2+} 最大相差 0.024 2 mg/L,Fe^{3+} 最大相差 0.018 2 mg/L,Mg^{2+} 最大相差0.523 6 mg/L,Pb^{2+} 最大相差 0.066 9 mg/L,Zn^{2+} 最大相差 0.002 1 mg/L。曾有学者对这种差异出现的原因进行过研究,有的认为这种显著差异性的产生主要与煤矸石中超细微粒的溶解有关,也有的认为与新鲜矿物表面上相对活性较高表面点处的溶解有关。然而本试验中可发现并非所有金属元素的小粒径初始溶解释放量最大,在这 8 种金属元素中 Cd、Zn 两种重金属的初始溶解释放量分别出现在粒径为 2～5 cm 和 8～12 mm,说明对重金属而言,样品与水接触时虽然其硫化物的氧化作用可导致样品中金属以较快速度溶解,但是重金属本身的惰性对初始溶解释放量影响仍较大。

4.3.3　煤矸石中金属初始溶出量与矸石粒径关系分析

将试验中煤矸石分布粒径采用内插法得到粒径的插值分别为 0.25 cm、1.25 cm、3.5 cm、6.5 cm、9 cm、11 cm、16 cm,将其作为 x 轴,对应的各金属离子浓度初始量作为 y 轴,作不同粒径下各金属元素离子浓度初始量与粒径关系曲线,如图 4-8 所示。从图中可以看出,除 Zn、Cd 元素外,其他各金属元素的初始释放量最大值均出现在矸石粒径＜2 cm 范围内,此结果同回归分析中各金属初始溶出量与煤矸石粒径关系的结果是一致的。

表4-12 各金属累计浓度与时间关系的回归模型

	Al	Cd	Cr	Cu
<0.5	$y = 0.0022 + \dfrac{0.0048}{0.3075}\sqrt{\pi/2} \times$ $e^{-2\frac{(x-0.4306)^2}{0.3075^2}}$ $R^2 = 0.9887$ $F = 638.21 > F_{0.05} = 1.02$	$y = 0.0143 + (-0.02007)x^3 +$ $(-0.154)x^2 + 0.6323x$ $R^2 = 0.9825$ $F = 904.79 > F_{0.05} = 2.44$	$y = 0.02997 - 0.07774x^3 -$ $0.5890x^2 + 1.4475x$ $R^2 = 0.9295$ $F = 324.66 > F_{0.05} = 1.81$	$y = 0.01614 + \dfrac{0.5739}{1.0863}\sqrt{\pi/2} \times$ $e^{-2\frac{(x-1.4417)^2}{1.0863^2}}$ $R^2 = 0.9857$ $F = 530.38 > F_{0.05} = 0.02$
0.5~2	$y = 0.0015 + \dfrac{0.0028}{0.2008}\sqrt{\pi/2} \times$ $e^{-2\frac{(x-0.4042)^2}{0.2008^2}}$ $R^2 = 0.9173$ $F = 73.33 > F_{0.05} = 4.12$	$y = 0.0876 + (-0.01063)x^3 +$ $(-0.1123)x^2 + 0.3855x$ $R^2 = 0.9685$ $F = 662.10 > F_{0.05} = 1.84$	$y = 0.10117 - 0.01020x^3 -$ $0.1278x^2 + 0.4668x$ $R^2 = 0.9621$ $F = 539.8 > F_{0.05} = 6.89$	$y = 0.03342 + \dfrac{0.4379}{1.1233}\sqrt{\pi/2} \times$ $e^{-2\frac{(x-1.6152)^2}{1.1233^2}}$ $R^2 = 0.9577$ $F = 212.36 > F_{0.05} = 0.024$
2~5	$y = 0.00114 + \dfrac{0.0024}{0.3000}\sqrt{\pi/2} \times$ $e^{-2\frac{(x-0.7453)^2}{0.3000^2}}$ $R^2 = 0.8657$ $F = 49.17 > F_{0.05} = 2.71$	$y = 0.0926 + (-0.00096)x^3 +$ $(-0.1147)x^2 + 0.4146x$ $R^2 = 0.9701$ $F = 691.01 > F_{0.05} = 1.39$	$y = 0.03334 + 0.00014x^3 -$ $0.0327x^2 + 0.2155x$ $R^2 = 0.9294$ $F = 227.16 > F_{0.05} = 1.77$	$y = 0.01330 + \dfrac{0.3229}{1.1144}\sqrt{\pi/2} \times$ $e^{-2\frac{(x-1.3662)^2}{1.1144^2}}$ $R^2 = 0.9868$ $F = 324.66 > F_{0.05} = 0.01$
5~8	$y = 0.00111 + \dfrac{0.00170}{0.2530}\sqrt{\pi/2} \times$ $e^{-2\frac{(x-0.8229)^2}{0.2530^2}}$ $R^2 = 0.9617$ $F = 209.84 > F_{0.05} = 2.51$	$y = 0.03006 + (-0.05206x^3) +$ $0.21300x^2 + 0.3920x$ $R^2 = 0.9744$ $F = 484.37 > F_{0.05} = 5.83$	$y = 0.03339 - 0.00035x^3 -$ $0.0522x^2 + 0.2051x$ $R^2 = 0.938$ $F = 289.38 > F_{0.05} = 3.78$	$y = 0.01700 + \dfrac{0.3218}{1.1470}\sqrt{\pi/2} \times$ $e^{-2\frac{(x-1.2191)^2}{1.1470^2}}$ $R^2 = 0.9761$ $F = 388.08 > F_{0.05} = 1.21$

表 4-12(续)

	Al	Cd	Cr	Cu
8~12	$y = 0.002\,3 + \dfrac{0.008\,5}{0.566\,4\sqrt{\pi/2}} \times$ $e^{-2\frac{(x-0.556\,9)^2}{0.566\,4^2}}$ $R^2 = 0.901\,7$ $F = 77.57 > F_{0.05} = 3.15$	$y = 0.054\,1 + (-0.006\,4)x^3 +$ $(-0.047\,7)x^2 + 0.123\,3x$ $R^2 = 0.982\,0$ $F = 1\,882.0 > F_{0.05} = 0.12$	$y = 0.021\,5 - 0.001\,4x^3 -$ $0.013\,3x^2 + 0.053\,7x$ $R^2 = 0.989\,1$ $F = 2\,027 > F_{0.05} = 0.29$	$y = 0.008\,5 + \dfrac{0.180\,0}{1.079\,2\sqrt{\pi/2}} \times$ $e^{-2\frac{(x-1.350\,5)^2}{1.079\,2}}$ $R^2 = 0.973\,2$ $F = 306.34 > F_{0.05} = 3.89$
12~20	$y = 0.001\,1 + \dfrac{0.002\,4}{0.300\,0\sqrt{\pi/2}} \times$ $e^{-2\frac{(x-0.745\,2)^2}{0.300\,0^2}}$ $R^2 = 0.865\,7$ $F = 49.17 > F_{0.05} = 2.71$	$y = 0.022\,6 + (-0.029)x^3 +$ $(-0.005)x^2 + 0.055\,2x$ $R^2 = 0.995\,1$ $F = 4\,002.61 > F_{0.05} = 0.032$	$y = 0.059 - 0.002\,1x^3 +$ $0.005\,9x^2 + 0.033\,5x$ $R^2 = 0.980\,1$ $F = 816.74 > F_{0.05} = 0.05$	$y = 0.011\,8 + \dfrac{0.145\,3}{0.992\,1\sqrt{\pi/2}} \times$ $e^{-2\frac{(x-1.204\,3)^2}{0.992\,1^2}}$ $R^2 = 0.930\,5$ $F = 120.44 > F_{0.05} = 3.79$
>20	$y = 0.001\,1 + \dfrac{0.001\,7}{0.253\,0\sqrt{\pi/2}} \times$ $e^{-2\frac{(x-0.823\,0)^2}{0.253\,0^2}}$ $R^2 = 0.961\,7$ $F = 209.84 > F_{0.05} = 2.51$	$y = 0.017\,9 + (-0.007\,3)x^3 +$ $(-0.007\,3)x^2 + 0.040\,2x$ $R^2 = 0.990\,7$ $F = 2\,138.43 > F_{0.05} = 0.069$	$y = 0.006\,1 - 0.001\,4x^3 -$ $0.006\,2x^2 + 0.033\,5x$ $R^2 = 0.970\,5$ $F = 577.02 > F_{0.05} = 0.04$	$y = 0.010\,0 + \dfrac{0.098\,6}{0.900\,9\sqrt{\pi/2}} \times$ $e^{-2\frac{(x-1.237\,2)^2}{0.900\,9}}$ $R^2 = 0.978\,2$ $F = 381.88 > F_{0.05} = 1.31$

	Fe	Mg	Pb	Zn
<0.5	$y = 0.020\,0 + \dfrac{0.171\,5}{0.207\,1\sqrt{\pi/2}} \times$ $e^{-2\frac{(x-1.871\,8)^2}{0.207\,1^2}}$ $R^2 = 0.916\,1$ $F = 79.07 > F_{0.05} = 2.88$	$y = 1.796\,6 - 0.224\,8x^3 +$ $1.738\,7x^2 + 4.409\,3x$ $R^2 = 0.987\,9$ $F = 289\,1.27 > F_{0.05} = 1.00$	$y = 0.077\,5 - 0.010\,1x^3 +$ $0.149\,8x^2 + 0.037\,8x$ $R^2 = 0.981\,5$ $F = 474.39 > F_{0.05} = 1.00$	$y = 0.002\,3 + \dfrac{0.002\,8}{0.307\,5\sqrt{\pi/2}} \times$ $e^{-2\frac{(x-0.430\,6)^2}{0.307\,5^2}}$ $R^2 = 0.988\,7$ $F = 638.21 > F_{0.05} = 1.02$

表 4-12（续）

	Fe	Mg	Pb	Zn
0.5~2	$y = 0.016\ 1 + \dfrac{0.151\ 2}{0.886\ 8\sqrt{\pi/2}} \times e^{-2\frac{(x-2.046\ 9)^2}{0.886\ 8^2}}$ $R^2 = 0.953\ 9$ $F = 153.64 > F_{0.05} = 1.16$	$y = 0.551\ 5 - 0.064\ 2x^3 - 0.741\ 6x^2 + 2.680\ 6x$ $R^2 = 0.977\ 9$ $F = 902.16 > F_{0.05} = 2.55$	$y = 0.057\ 7 - 0.009\ 4x^3 + 0.036\ 2x^2 + 0.143\ 9x$ $R^2 = 0.964\ 6$ $F = 249.04 > F_{0.05} = 0.99$	$y = 0.001\ 5 + \dfrac{0.002\ 8}{0.200\ 8\sqrt{\pi/2}} \times e^{-2\frac{(x-0.404\ 2)^2}{0.200\ 8^2}}$ $R^2 = 0.917\ 3$ $F = 73.33 > F_{0.05} = 4.12$
2~5	$y = 0.001\ 8 + \dfrac{0.044\ 8}{1.007\ 4\sqrt{\pi/2}} \times e^{-2\frac{(x-1.328)^2}{1.007\ 4^2}}$ $R^2 = 0.961\ 0$ $F = 187.85 > F_{0.05} = 4.33$	$y = 0.450\ 9 - 0.122\ 9x^3 - 0.972\ 7x^2 + 2.581\ 7x$ $R^2 = 0.913\ 7$ $F = 3\ 231.94 > F_{0.05} = 1.55$	$y = 0.041\ 3 - 0.031\ 5x^3 - 0.106\ 8x^2 + 0.098\ 3x$ $R^2 = 0.963\ 3$ $F = 211.87 > F_{0.05} = 2.76$	$y = 0.001\ 1 + \dfrac{0.002\ 4}{0.300\ 0\sqrt{\pi/2}} \times e^{-2\frac{(x-0.745\ 2)^2}{0.300\ 0^2}}$ $R^2 = 0.865\ 7$ $F = 49.17 > F_{0.05} = 2.71$
5~8	$y = 0.004\ 4 + \dfrac{0.044\ 9}{1.259\ 9\sqrt{\pi/2}} \times e^{-2\frac{(x-1.349\ 2)^2}{1.259\ 9^2}}$ $R^2 = 0.972\ 8$ $F = 318.39 > F_{0.05} = 3.22$	$y = 0.268\ 7 - 0.005\ 0x^3 - 0.216\ 4x^2 + 1.261\ 7x$ $R^2 = 0.979\ 7$ $F = 848.65 > F_{0.05} = 3.66$	$y = 0.036\ 6 - 0.019\ 1x^3 - 0.074x^2 + 0.096\ 0x$ $R^2 = 0.963\ 7$ $F = 314.38 > F_{0.05} = 2.23$	$y = 0.001\ 1 + \dfrac{0.001\ 7}{0.253\ 0\sqrt{\pi/2}} \times e^{-2\frac{(x-0.822\ 9)^2}{0.253\ 0^2}}$ $R^2 = 0.961\ 7$ $F = 209.84 > F_{0.05} = 2.51$
8~12	$y = 0.009\ 6 + \dfrac{0.014\ 4}{1.001\ 5\sqrt{\pi/2}} \times e^{-2\frac{(x-0.986\ 6)^2}{1.001\ 5^2}}$ $R^2 = 0.954\ 0$ $F = 175.59 > F_{0.05} = 2.06$	$y = 0.052\ 2 - 0.007\ 7x^3 - 0.068\ 1x^2 + 0.205\ 8x$ $R^2 = 0.973\ 6$ $F = 865.92 > F_{0.05} = 3.22$	$y = 0.031\ 1 - 0.031\ 6x^3 - 0.097\ 9x^2 + 0.089\ 9x$ $R^2 = 0.991\ 1$ $F = 807.37 > F_{0.05} = 0.051$	$y = 0.013\ 2 + \dfrac{0.008\ 5}{0.566\ 4\sqrt{\pi/2}} \times e^{-2\frac{(x-0.556\ 4)^2}{0.566\ 4^2}}$ $R^2 = 0.901\ 7$ $F = 77.57 > F_{0.05} = 3.15$

表 4-12(续)

	Fe	Mg	Pb	Zn
12～20	$y = 0.002\,9 + \dfrac{0.016\,4}{0.945\,5\,\sqrt{\pi/2}} \times e^{-2\frac{(x-1.162\,1)^2}{0.945\,5^2}}$ $R^2 = 0.951\,5$ $F = 133.44 > F_{0.05} = 2.30$	$y = 0.050\,4 - 0.006\,9x^3 - 0.050\,7x^2 + 0.129\,2x$ $R^2 = 0.955\,6$ $F = 688.97 > F_{0.05} = 1.43$	$y = 0.011\,6 - 0.019\,1x^3 - 0.052\,2x^2 + 0.101\,1x$ $R^2 = 0.970\,9$ $F = 1\,755.46 > F_{0.05} = 1.11$	$y = 0.001\,1 + \dfrac{0.002\,4}{0.300\,0\,\sqrt{\pi/2}} \times e^{-2\frac{(x-0.745\,2)^2}{0.300\,0^2}}$ $R^2 = 0.865\,7$ $F = 49.17 > F_{0.05} = 2.71$
＞20	$y = -0.038\,7 + \dfrac{0.010\,6}{0.484\,1\,\sqrt{\pi/2}} \times e^{-2\frac{(x-1.096\,3)^2}{0.484\,1^2}}$ $R^2 = 0.891\,7$ $F = 61.07 > F_{0.05} = 9.83$	$y = 0.027\,9 - 0.003\,8x^3 - 0.031\,9x^2 + 0.087\,9x$ $R^2 = 0.961\,4$ $F = 708.68 > F_{0.05} = 1.18$	$y = 0.037\,9 - 0.004\,2x^3 - 0.013\,9x^2 + 0.079\,8x$ $R^2 = 0.961\,5$ $F = 401.14 > F_{0.05} = 3.09$	$y = 0.001\,1 + \dfrac{0.001\,7}{0.253\,0\,\sqrt{\pi/2}} \times e^{-2\frac{(x-0.823\,0)^2}{0.253\,0^2}}$ $R^2 = 0.961\,7$ $F = 209.84 > F_{0.05} = 2.51$

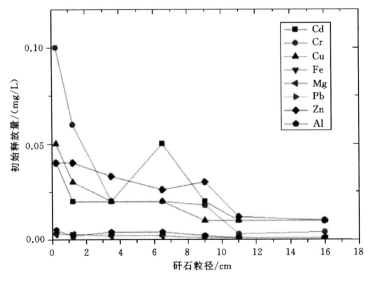

图 4-8　各金属元素初始释放量随煤矸石粒径变化曲线

　　随着煤矸石粒径的增加,各金属元素离子浓度的初始溶解释放量及释放速率呈逐渐减小的趋势,这与姜利国[95]的研究结论是一致的。若将各金属初始释放量设为 y,煤矸石的粒径设为 x,对 x-y 进行幂指数函数拟合,得拟合公式为:

$$y = y_0 + A e^{R_0 x} \qquad (4\text{-}7)$$

　　将每种金属元素的拟合方程参数均列于表 4-13 中,可以发现,除 Al、Cd 外,其他金属元素拟合方程的拟合度均较高。其中,Cr、Cu、Pb 拟合方程的拟合度最好,均达到 94％以上;Fe、Zn、Mg 的拟合度差一点,在 80％~89％之间;Cd、Al 的拟合度最差,低于 35％。与姜利国[95]的拟合结果相比,未能完全一致,说明不同地区煤矸石金属元素的溶解特征既有共性也有各自的特点,也进一步说明了本书试验的必要性。

　　将表 4-13 中各金属元素累积溶出浓度与时间关系的回归模型分别进行计算,得到各金属不同粒径下的初始溶出量计算值。由于未验证模型模拟结果的可靠性,因此可以将回归模型计算值与模拟值进行的比较,图 4-9(a)~(h)所示为对 Cu、Al、Zn、Cd、Cr、Pb、Mg、Fe 等 8 种金属(重金属)初始溶出量-粒径关系的计算值与模拟值进行的比较。从图中可以看出,各粒径下由金属累积浓度与时间关系回归模型计算得到的初始溶出量的值均高于试验值。不难观察出,以煤矸石粒径 5~8 cm 为界限,当煤矸石粒径≥6 cm 时,回归模型计算值与试验值的接近程度较高；当矸石粒径＜6 cm 时，模型计算值与试验值的偏离程度较高，且粒径越小计算值与试验值的偏离程度越大。尤其是金属 Mg，当矸石粒径＜8 cm 时，煤矸石中溶出 Mg 的模型计算值远高于试验值，且二者的偏离程度远大于其他金属。

表 4-13　不同金属元素初始释放量与矸石粒径拟合方程参数

	y_0	SD_1	A	SD_2	R_0	SD_3	R^2
Cr	0.009 7	0.003 9	0.104 2	0.010 1	−0.584 2	0.139 7	0.957 3
Fe	6.16E-4	5.91E-4	0.002 6	5.38E-4	−0.148 2	0.083 3	0.885 4
Mg	6.363E-4	5.29E-4	0.001 7	5.83E-4	−0.142 8	0.086 3	0.805 4
Cu	0.010 4	0.005 8	0.011 9	0.004 7	−0.634 6	0.078 4	0.942 2
Pb	−0.010 9	0.021 6	0.052 1	0.020 7	−0.062 1	0.040 1	0.955 6
Al	−1.434 7	1.879	1.438 9	1.829 9	−1.46E-4	0.190 6	0.318 2
Zn	−1.682 2	1.183 4	1.722 3	0.831 4	−0.001 1	0.078 9	0.812 5
Cd	−34.095 8	0.168 5	34.133 9	0.168 5	−5.025 6	0.248 2	0.316 9

注：SD_1、SD_2、SD_3 分别是 y_0、A、R_0 的标准偏差。

为更加直观地分析各粒径初始溶出量的模型计算值与试验值间的相关性，对每种金属初始溶出量模型计算值与试验值进行了皮尔森相关系数分析，结果见表 4-14 所示。对每种金属而言，计算值与试验之间的皮尔森相关性排序为 Cr＞Al＞Cu＞Pb＞Cd＞Fe＞Zn＞Mg。

表 4-14　初始溶出量模型计算值与试验值的皮尔森相关性分析

	试验值 /(mg/L)	模型计算值 /(mg/L)	试验标准偏差	模型计算 标准偏差	皮尔森相关性
Cd	0.025 7	0.051 2	0.015 1	0.023 4	0.93
Cr	0.032 1	0.057 1	0.035 4	0.069 7	0.995
Al	0.002 9	0.004	0.001 6	0.002 6	0.992
Cu	0.021 4	0.045 4	0.014 6	0.023 1	0.95
Fe	0.001 9	0.003 4	0.000 9	0.001 9	0.908
Mg	0.001 9	0.03	0.000 9	0.027 1	0.86
Pb	0.025	0.039	0.011 9	0.022 7	0.94
Zn	0.026 8	0.042 4	0.011 7	0.022 7	0.904

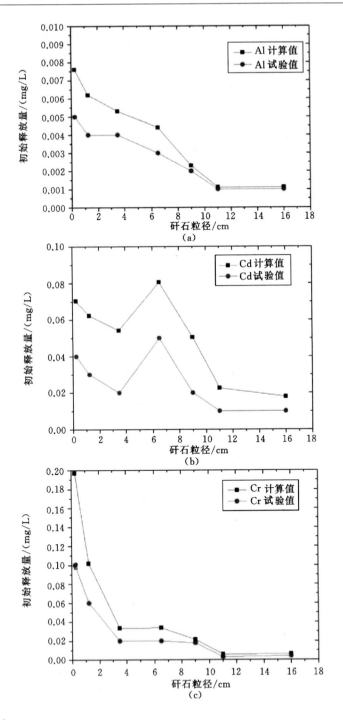

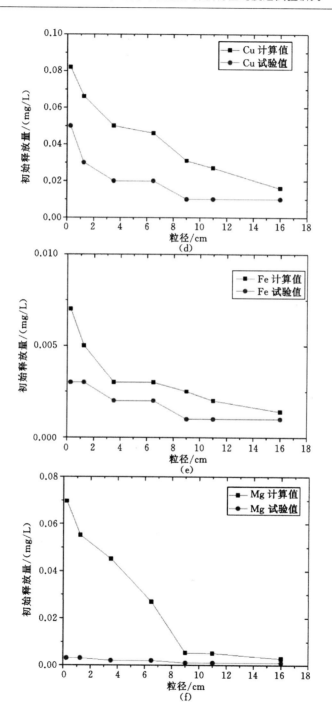

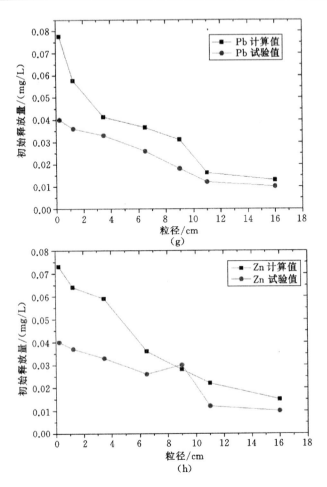

图 4-9　煤矸石中各金属初始溶出量-粒径关系计算值与试验值比较

　　整体而言,模型计算值与试验值的相关性系数均比较高,平均达到了 0.94,说明利用回归分析建立的回归模型计算结果是可靠的。

4.4　本章小结

　　(1) 本章通过煤矸石的浸泡试验,研究了静态条件下煤矸石中 Mg、Al、Fe、Cu、Zn、Cd、Cr、Pb 等 8 种金属不同粒径条件下的溶解浓度-时间变化规律。

（2）以各污染物的累积浓度为 y 轴，浸泡时间的对数（lg t）为 x 轴，对试验测得的浓度数据进行回归分析，获得 Mg、Cr、Pb、Cd、Zn、Cu、Fe、Al 等 8 种金属离子的累积浓度（mg/L）与时间（lg t）的回归方程，建立了回归模型。

（3）采用内插法，获得煤矸石分布粒径的插值，将其作为 x 轴，对应的各金属初始释放量为 y 轴，绘制不同分级粒径与各金属元素初始释放量关系曲线，将结果同回归分析中各金属初始溶出量与煤矸石粒径关系的结果进行比较，二者结果一致。

（4）将各金属初始释放量设为 y，煤矸石的粒径设为 x，建立 x-y 指数函数关系方程 $y = y_0 + A e^{R_0 \cdot x}$，将试验数据与方程进行拟合，获得拟合参数，建立不同金属元素的初始溶出量-粒径关系模型。

（5）将初始溶出量-粒径关系模型的计算值与试验值进行皮尔森相关性分析，发现对每种金属而言，计算值与试验值之间的皮尔森相关性排序为 Cr＞Al＞Cu＞Pb＞Cd＞Fe＞Zn＞Mg。

第5章　湿地水流中污染物扩散系数研究

第4章中采用静态浸泡试验分析了不同粒径煤矸石长期浸泡在湿地环境中 Cu、Pb、Zn、Mg、Cr、Cd、Al 等金属元素的溶解与释放特征。本章在相似模拟原理的基础上依据几何相似设计室内试验水槽,并设计湿地水流和植被环境,模拟煤矸石回填湿地塌陷区后矸石溶解物随水流的扩散情况。采用示踪试验的方法,观察、分析示踪剂随水流扩散情况,计算湿地水流的纵向、横向和垂向扩散系数,研究矸石释放物质在湿地水流中的迁移扩散特征。

当污染物在水体中迁移扩散时,纵向离散系数和横向离散系数是反映水体对污染物混合输移过程特性的两个重要参数,而垂向扩散系数则是反映污染物浓度垂向紊动扩散的重要参数。目前研究污染物在水体中的浓度分布规律时,相比于横向和垂向扩散特征,纵向扩散是研究最多的。Taylor[112]、Mackey[113] 等学者均根据自己的研究提出适用于计算天然河流纵向扩散系数的经验公式。Seyed 等[114]、Mazumder 等[115]、Gomez-gesteira 等[116]、李家星等[117] 等国内外学者分别计算或研究了天然水渠的纵向扩散系数、点源污染物的扩散方式、污染物的二维轨迹模型和天然水流的纵向扩散系数,并将所得的计算值与 Taylor 等提出的经验公式计算结果相比,数值存在一定的差距,说明虽然经验公式有广泛的实用性,但考虑到水体水文特性、水质条件、地理条件等的差异性,需要根据水体自身的特点建立能够真实反映自身扩散特性的扩散模型。

污染物在水体内扩散迁移的方式可以有很多种,归纳起来主要有分子扩散、随流输移、紊动扩散、剪切流弥散等四种。本书研究的目标金属污染物在湿地水流中扩散特征符合随流输移规律。如果在红荷湿地中大范围实施示踪试验,不仅大大增加了人力、物力和财力的负担,而且采取水样的精度也难以保证,故而设计水槽试验,通过投放示踪剂,观察示踪剂在水槽中随水流扩散的方法,获得计算纵向、横向、垂向扩散系数所需的试验数据。

基于示踪试验计算扩散系数的方法有多种,包括有限差分法、演算优化法、单站法、两站法、回归分析方法等等。这些方法的比较在第1章国内外研究现状中已详细阐述。考虑到室内试验条件,本书决定分别采用一元非线性回归分析法和单站法计算污染物的纵向离散系数、横向离散系数和垂向离散系数,并对该两种方法计算结果的可靠性进行分析比较,为建立污染物在湿地水体中随流扩散的扩散模型提供依据。应用 Nepf 模型,分析红荷湿地中影响污染物纵向扩散系数的因素,结合伯努利方程和达西阻力公式推导得出考虑水流阻力作用下的纵向扩散系数计算公式。

5.1　水槽试验

在调查了红荷湿地植被类型和生态特征参数基础上,确定水槽试验模拟植被布置方式;根据湿地水流特性,设计水槽流量和流速等水力学参数。本节将对试验所用的装置、仪器及试验方案做详细介绍。

5.1.1　试验水槽尺寸设计

试验水槽的尺寸设计采用几何相似原理,将回填塌陷区域湿地断面的几何形状按比例缩小,使室内模拟试验水槽与待研究回填区域天然湿地条件的几何形状相似。

尺寸比例设计公式如下:

$$\lambda = \frac{L_m}{L_p} \tag{5-1}$$

式中　λ——湿地塌陷回填区周围选定区域与模型的比例系数;

　　　L_m——室内水槽试验段的长度、宽度或深度,m;

　　　L_p——湿地塌陷回填区周围选定区域的长度、宽度或深度,m。

因为湿地的宽深比较大,所以所选断面的长度、宽度和深度可以采用不同的比例系数。

根据计算,确定的比例系数为 1 : 1 000,因此水槽试验段为 600 cm×250 cm×100 cm(长×宽×高),在水槽断面腰部设计三层隔断,每层隔断间距 150 cm,整个水槽断面采用 6 mm 厚有机玻璃制作。试验水槽底部用塑料泡沫铺底,用石灰浆将缝隙抹平,坡度为 1.0‰。水槽边壁选用光滑的光学玻璃。为获得平稳水流,使植被区入流处断面水流基本一致,在水槽入流处安装稳水栅,如图 5-1 所示。为使试验过程中取水样简便快捷,在植被区水槽外壁两侧分别做取样孔设计,由取样管经取样口深入指定采样水深处,外接橡胶管,用止水夹闭合控制取样水量。

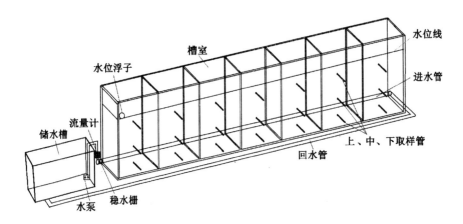

图 5-1　水槽试验装置图

5.1.2　生态特征参数及水力学参数的确定

为充分了解红荷湿地优势植被群落及生态特征参数,分别于 2011 年 7 月、2012 年 1 月和 2012 年 10 月进行实地考察。湿地陆地部分地面标高 +33.47～+40.89 m,地势与区域上一致,为东北部较高而西南部则较低,坡度平均为 1.0‰。红荷湿地公园地势相对平坦,多为湖泽、芦苇、鱼塘、沟渠等,且纵横交错。地面标高为 +38～+40 m。在 5 m×5 m 样方内对植被数量、高度、密度和植株纵向、横向间距进行详细调查,结果见表 5-1。表 5-1 中,纵向间距为水流方向,横向间距为水流垂直方向;表中每个数据均为调查地点多次调查结果的平均值。

表 5-1　红荷湿地植被特征调查结果

调查地点标号	物种	直径/mm	高度/cm	密度/(株/m²)	纵向间距/cm	横向间距/cm
1	红荷	5.2	88.2	3	53	27
	芦苇	3.5	90	202	6.1	4.9
	速生杨	270	163.3	2	50	—
2	红荷	4.3	79.5	4	58	38
	芦苇	3.8	93	198	5.6	4.5
	速生杨	235	154.6	2	53	—

表 5-1(续)

调查地点标号	物种	直径/mm	高度/cm	密度/(株/m²)	纵向间距/cm	横向间距/cm
3	红荷	4.8	83.6	3	54	31
	芦苇	3.5	89	202	5.9	4.9
	速生杨	256	163	2	51	—
4	红荷	4.1	82.9	4	47	41
	芦苇	3.3	87	185	6.6	5.1

　　调查结果表明,红荷湿地的优势植被群落为荷花和芦苇,次优势植被群落为生长在岸边的速生杨。为研究煤矸石污染物在湿地环境中的释放、扩散特征,本书选取荷花和芦苇为模拟植被,如图 5-2 所示。

图 5-2　红荷湿地荷花、芦苇及荷花-速生杨

5.1.3　模拟植被种植方式

　　根据表 5-1 的调查结果对荷花和芦苇的各生态特征参数取加权平均值,该值是试验水槽内植被栽种的依据。荷花的平均高度为 83.5 cm,试验中露出水面向上部分平均高度为 50 cm,平均种植密度为 4.5 株/m²。芦苇的平均

高度为 88.7 cm,试验中采用顶端部分平均高度为 60 cm,平均种植密度为
12.5 株/m²。考虑到回填区荷花和芦苇沿水流方向的实际分布方式,试验中
将芦苇种植在水流流经位置的前面,荷花种植在后面,如图 5-3 所示。水槽内
部木板上钻有直径为 10 mm 和 2 mm 的小孔,荷花和芦苇分别经 10 mm 和
2 mm 孔栽种于底板下的底泥里。荷花平均间距为 50 cm,芦苇平均间距为
10 mm。模拟荷花和芦苇的材料采用 10 mm 和 2 mm 厚 PVC 条。

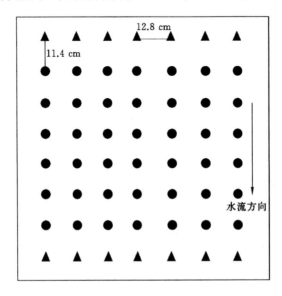

图 5-3　水槽内模拟植被分布情况

5.1.4　水槽来流流量设计

室内水槽的来流流量特征包括流量和流速。为使水槽的流量、流速与湿
地中的实际水流流量、流速有可比性,用曼宁公式计算湿地水流流量、流速与
室内模拟试验的流量、流速的比例系数,计算公式如下:

$$\lambda_Q = \frac{\frac{1}{n}I_p^{\frac{1}{2}}R_p^{\frac{2}{3}}A_p}{\frac{1}{n}I_m^{\frac{1}{2}}R_m^{\frac{2}{3}}A_m} \tag{5-2}$$

$$\lambda_v = \frac{\frac{1}{n}I_p^{\frac{1}{2}}R_p^{\frac{2}{3}}}{\frac{1}{n}I_m^{\frac{1}{2}}R_m^{\frac{2}{3}}} \tag{5-3}$$

式中　λ_Q——湿地实际流量与室内水槽流量的比例系数；

　　　λ_v——湿地实际流速与室内水槽流速的比例系数；

　　　I_p——实际湿地内水的面比降,‰；

　　　I_m——模拟试验水的面比降,‰；

　　　A_p——实际湿地内水面的断面面积,m^2；

　　　A_m——模拟试验断面面积,m^2；

　　　R_p——实际湿地内的水力半径,m；

　　　R_m——模拟试验的水力半径,m；

　　　n——粗糙率。

　　水流流速与植被高度的关系最早于 1945 年由 Palmer(帕默)提出,他曾根据水流流速和植被枝叶的弯曲移动情况分为三种:① 高速水流,这种流速下植被倾斜或接近倾斜,植被的枝叶会随水流摆动;② 中速水流,水流的阻力开始随流速变大,植被枝叶开始弯曲摆动;③ 低速水流,水流流经植被时枝叶不弯曲也不摆动。本书因模拟的是湿地水流特性,故试验水槽的来流流量应设计为低速水流。根据曼宁公式计算所得 λ_Q 与湿地实际水流流量,本书将水槽试验的进水流量设为 $Q=32.75$ L/min,如图 5-4～图 5-6 所示。

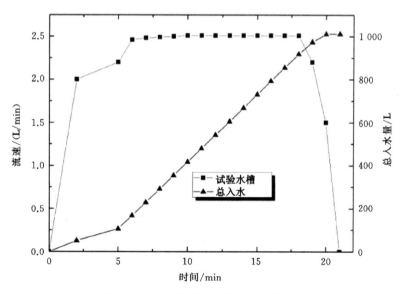

图 5-4　试验水槽流速与总入水流量设计

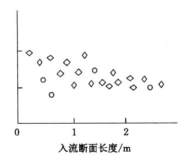

图 5-5 入流长度测试示意图

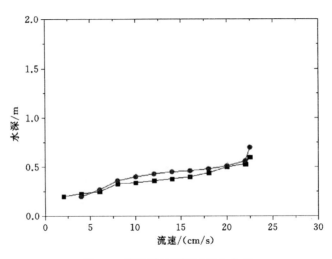

图 5-6 设计流量下流速垂向分布

5.1.5 测点布置方式

本书选取水槽的水流稳定区域[400 cm×250 cm×100 cm(长×宽×高)]布置测点,沿水流纵向设置 4 个流速测量断面,每个断面间隔处设置取样管,同一垂线方向上根据水深共设置 6～8 个取样点,每点间隔 5 cm。

用于研究扩散规律的污染物以氨氮指示剂代替,投放于入水口处,在中间稳定水流区域设置测点,用水质多参数仪测量污染物浓度过程线。具体测点布置示意图如图 5-7 所示。

氨氮指示剂在使用过程中由于硝化和生物吸收作用会有一定的消耗,但

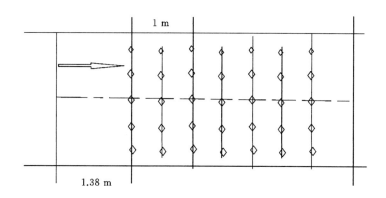

图 5-7　测点布置示意图

考虑到此试验每次进行的时间较短,一般几分钟就可以测量一个浓度过程线,因此,氨氮的消耗可以忽略不计。

5.1.6　试验工况的设计

在前文中已经设计好了试验水槽中模拟植被的布置方式和水流的来流流量,本节将根据设计结果对低速水流工况下水力学参数及测点布置等进行总结,见表 5-2。

表 5-2　试验工况水力学参数及测点数

模拟植被	流量(Q) /(L/min)	R_h /10^{-4}	雷诺数(Re) /10^{-4}	弗劳德数(Fr)	垂向测点数
芦苇	62.75	1.88	0.086	0.29	6
荷花		1.33	1.09	0.16	7

示踪试验中所用示踪剂为氨氮指示剂。在示踪试验前将分析纯级的 NH_4Cl 与水以较大的比例混合均匀,避免浓度太低导致取样后测试不出结果。

在试验过程中由于氨氮指示剂中的氨氮因硝化和生物吸收作用会有一定的消耗,应该及时给予补充,但由于整个试验取样时间较短,一般取样过程仅需几分钟,因此可以忽略其消耗量。

5.2 扩散系数计算方法

本节将对两种扩散系数计算方法——一元非线性回归方法和单站法进行详细介绍。

5.2.1 一元非线性回归分析法

为了能更好地应用一元非线性回归分析方法,我们首先做如下假设:回填区煤矸石排放的污染物属于点源污染,这是因为相对于大面积的湿地而言,回填区域可视为一点。

在宽阔水域中,污染物的横向、纵向和垂向扩散属于三维空间扩散,假设该三维空间环境水体的水平面无限大,回填区域深度为 h,每一时刻污染物 i 的点源瞬时释放量为 M_i,污染物在 x、y 和 z 三个方向向外扩散,则 D_x、D_y、D_z 表示污染物 i 在 x、y 和 z 方向上的扩散系数,流速用 u 表示,$u = (u_x, u_y, u_z)$,则扩散过程中污染物浓度数学模型为:

$$\frac{\partial C}{\partial t} = D_x \frac{\partial^2 C}{\partial x^2} + D_y \frac{\partial^2 C}{\partial y^2} + D_z \frac{\partial^2 C}{\partial z^2} \tag{5-4}$$

$$C(x,y,z,t)|_{t=0} = M\delta(x)\delta(y)\delta(z) \tag{5-5}$$

$$\lim_{x \to \pm\infty} C = 0, \lim_{y \to \pm\infty} C = 0, \lim_{z \to \pm\infty} C = 0 \quad (t>0) \tag{5-6}$$

对式(5-4)两边做傅氏变换,结合式(5-6)得:

$$\frac{d\overline{C}}{dt} = -(D_x \alpha_1{}^2 + D_y \alpha_2{}^2 + D_z \alpha_3{}^2)\overline{C}$$

对式(5-5)两边做傅氏变换得:

$$\overline{C}|_{t=0} = M$$

则上述数学模型做二维傅氏变换后方程组变为常微分方程的初值问题:

$$\begin{cases} \dfrac{d\overline{C}}{dt} = -(D_x \alpha_1{}^2 + D_y \alpha_2{}^2 + D_z \alpha_3{}^2)\overline{C} \\ \overline{C}|_{t=0} = M \end{cases} \tag{5-7}$$

该方程组是一阶线性齐次常微分方程,求解得:

$$\overline{C}(\alpha_1, \alpha_2, t) = M e^{-(D_x \alpha_1^2 + D_y \alpha_2^2)t} \tag{5-8}$$

对式(5-7)中 $\overline{C}$ 做逆傅氏变换,得到方程组(5-8)的解为:

$$C(x,y,z,t) = \frac{M}{8h(\pi t)^{3/2}\sqrt{D_x D_y D_z}} \exp\left[-\left(\frac{x^2}{4D_x t} + \frac{y^2}{4D_y t} + \frac{z^2}{4D_z t}\right)\right] \tag{5-9}$$

将 x 和 y 分别用流速 u 和时间 t 表示,则式(5-10)可改写为:

$$C(x,y,z,t) = \frac{M}{8(h\pi t)^{3/2}\sqrt{D_xD_yD_z}}\exp\left\{-\left[\frac{(x-u_xt)^2}{4D_xt}+\frac{(y-u_yt)^2}{4D_yt}+\frac{(z-u_zt)^2}{4D_zt}\right]\right\}$$

(5-10)

从式(5-10)中可以看出,以回填区为中心点,距离该点的任意固定点(x,y,z),浓度 C 是时间 t 的一元函数,对式(5-10)两边取一阶导数,整理后得:

$$t^3\frac{C'}{C} = \frac{1}{4}\left(\frac{x^2}{D_x}+\frac{y^2}{D_y}+\frac{z^2}{D_z}\right)-\frac{t^2}{4}\left(\frac{u_x^2}{D_x}+\frac{u_y^2}{D_y}+\frac{u_z^2}{D_z}\right)-\frac{3t}{2} \quad (5\text{-}11)$$

令

$$Y = t^3\frac{C'}{C},\ T = t$$

则式(5-11)可转化为一元非线性方程:

$$Y = AT^2 - \frac{3}{2}T + B \tag{5-12}$$

对比式(5-11)和式(5-12)可知:

$$\begin{cases} A = -\frac{1}{4}\left(\frac{u_x^2}{D_x}+\frac{u_y^2}{D_y}+\frac{u_z^2}{D_z}\right) \\ B = \frac{1}{4}\left(\frac{x^2}{D_x}+\frac{y^2}{D_y}+\frac{z^2}{D_z}\right) \end{cases}$$

这样复杂的三维扩散问题转变为 Y 与 T 的一元非线性关系问题。

如果在试验水槽底部进水口处投放瞬时示踪源,在离投放点(x,y,z)处设置观测点,采样、分析后可得到示踪剂浓度 C 随时间 t 的时间变化数据序列,从而可以计算出每一时刻的 Y 值和 T 值,将所得到的每一对(Y,T)散点作图,进行一元非线性回归,则可得到回归方程,最终解出 D_x、D_y 和 D_z。

$$\begin{cases} D_x = \dfrac{x^2u_y^2 - y^2u_x^2}{4(Ay^2+Bu_y^2)} \\ D_y = \dfrac{y^2u_x^2 - x^2u_y^2}{4(Ax^2+Bu_x^2)} \\ D_z = \dfrac{z^2u_x^2u_y^2}{4[A(x+y)^2+Bu_x^2u_y^2]} \end{cases} \tag{5-13}$$

5.2.2　单站法

单站法是相对于两站法而言的。在投放示踪剂站点顺水流下方设 x_1、x_2 两处观测点观测示踪剂浓度分布,通过该两处水流的平均时间为 t_1、t_2,两站

间的平均流速为 u,这种方法称为矩量法,也称作两站法。若将实测断面加以简化,只利用一个断面的方差值,则称作单站法。本书从两站法入手分别推导出单站法的纵向扩散、横向扩散和垂向扩散计算公式。

考虑到湿地水流相对于河流水流具有稳态的特性,故此处不妨做一个假设,假设整个湿地水流是均匀流动且无随流情况,流速为 $u(u_x,u_y,u_z)$。距示踪剂投放点 $s(x_s,y_s,z_s)$ 处上游断面上的示踪剂浓度为 $C_s(x_s,y_s,z_s,t_s)$,则 dt 时间段内 s 处相应的微瞬时面源强度为:

$$dM = uC(x_s,y_s,z_s,t_s)dt \tag{5-14}$$

沿水流方向,下游距示踪剂投放点 $m(x,y,z)$ 处,dt 时刻的瞬时源浓度 dC_x、dC_y、dC_z 分别为:

$$
\begin{cases}
dC(x,t) = \dfrac{uC_s(x_s,t_s)}{8\left[\pi(t-t_s)\right]^{3/2}\sqrt{D_xD_yD_z}}e^{-\frac{[x-x_s-u_x(t-t_s)]^2}{4D_x(t-t_s)}}dt_s \\[3mm]
dC(y,t) = \dfrac{uC_s(x_s,t_s)}{8\left[\pi(t-t_s)\right]^{3/2}\sqrt{D_xD_yD_z}}e^{-\frac{[y-y_s-u_y(t-t_s)]^2}{4D_y(t-t_s)}}dt_s \\[3mm]
dC(z,t) = \dfrac{uC_s(x_s,t_s)}{8\left[\pi(t-t_s)\right]^{3/2}\sqrt{D_xD_yD_z}}e^{-\frac{[z-z_s-u_z(t-t_s)]^2}{4D_z(t-t_s)}}dt_s
\end{cases} \tag{5-15}
$$

可知,下游断面 m 处 t 时刻的浓度为:

$$
\begin{cases}
dC(x,t) = \displaystyle\int_{-\infty}^{t} \dfrac{uC_s(x_s,t_s)}{8\left[\pi(t-t_s)\right]^{3/2}\sqrt{D_xD_yD_z}}e^{-\frac{[x-x_s-u_x(t-t_s)]^2}{4D_x(t-t_s)}}dt_s \\[3mm]
dC(y,t) = \displaystyle\int_{-\infty}^{t} \dfrac{uC_s(x_s,t_s)}{8\left[\pi(t-t_s)\right]^{3/2}\sqrt{D_xD_yD_z}}e^{-\frac{[y-y_s-u_y(t-t_s)]^2}{4D_y(t-t_s)}}dt_s \\[3mm]
dC(z,t) = \displaystyle\int_{-\infty}^{t} \dfrac{uC_s(x_s,t_s)}{8\left[\pi(t-t_s)\right]^{3/2}\sqrt{D_xD_yD_z}}e^{-\frac{[z-z_s-u_z(t-t_s)]^2}{4D_z(t-t_s)}}dt_s
\end{cases} \tag{5-16}
$$

根据式(5-16)可计算出 (x,y,z) 处断面上物质扩散过程的中心时间,即式(5-16)中在 x、y、z 各方向上关于 t 过程曲线的一阶原点矩:

$$
\begin{cases}
\bar{t}_x = \dfrac{8D_x}{u_x^2} + \dfrac{2(x-x_s)}{u_x} + \bar{t}_{sx} \\[3mm]
\bar{t}_y = \dfrac{8D_y}{u_y^2} + \dfrac{2(y-y_s)}{u_y} + \bar{t}_{sy} \\[3mm]
\bar{t}_z = \dfrac{8D_z}{u_z^2} + \dfrac{2(z-z_s)}{u_z} + \bar{t}_{sz}
\end{cases} \tag{5-17}
$$

(x,y,z) 处断面上在 x、y、z 各方向上示踪剂浓度过程的方差为:

$$\begin{cases} \sigma_{tx}{}^2 = \dfrac{32D_x{}^3}{u_x{}^4} + \dfrac{8D_x{}^2}{u_x{}^3} + \dfrac{D_x(x-x_s)}{u_x} + \sigma_{tsx}{}^2 \\[3mm] \sigma_{ty}{}^2 = \dfrac{32D_y{}^3}{u_y{}^4} + \dfrac{8D_y{}^2}{u_y{}^3} + \dfrac{D_y(y-y_s)}{u_y} + \sigma_{tsy}{}^2 \\[3mm] \sigma_{tz}{}^2 = \dfrac{32D_z{}^3}{u_z{}^4} + \dfrac{8D_z{}^2}{u_z{}^3} + \dfrac{D_z(z-z_s)}{u_z} + \sigma_{tsz}{}^2 \end{cases} \tag{5-18}$$

由式(5-17)和式(5-18)可以看出,在两站法中需要计算两个断面的中心时间和方差,当 t 与 $\bar t$ 相差较大时,物质的浓度对方差结果的影响也较大。从已有的示踪试验结果中发现,方差计算是一个相当大的量,也是保证试验结果精度的一个重要的量,而要保证方差的精度,就必须要求采样时间足够长和对水样低浓度的精确测量,这些却受测量仪器等条件限制而无法进行。

两站法既然存在不可避免的缺陷,就必须结合实际情况对其加以改进,改进后的试验方法称为单站法。即将上游断面 $s(x_s,y_s,z_s)$ 设为投放断面,$x_s=0$,$y_s=0$,$z_s=0$,则对应 x_s 处的中心时间和方差均为 0,此时即可得单站法的推导公式,式(5-18)可简化为:

$$\begin{cases} \sigma_{tx}{}^2 = \dfrac{32D_x{}^3}{u_x{}^4} + \dfrac{8D_x{}^2}{u_x{}^3} + \dfrac{D_x x}{u_x} \\[3mm] \sigma_{ty}{}^2 = \dfrac{32D_y{}^3}{u_y{}^4} + \dfrac{8D_y{}^2}{u_y{}^3} + \dfrac{D_y y}{u_y} \\[3mm] \sigma_{tz}{}^2 = \dfrac{32D_z{}^3}{u_z{}^4} + \dfrac{8D_z{}^2}{u_z{}^3} + \dfrac{D_z z}{u_z} \end{cases} \tag{5-19}$$

由此可知,x、y、z 各方向上的扩散系数为:

$$\begin{cases} D_x = \dfrac{x^3}{12t}\left(\sqrt[3]{1+\dfrac{9\sigma_{tx}{}^2}{t}} + \sqrt[3]{1+\dfrac{4\sigma_{tx}{}^2}{t^2}} - 1 \right) \\[4mm] D_y = \dfrac{y^3}{12t}\left(\sqrt[3]{1+\dfrac{9\sigma_{ty}{}^2}{t}} + \sqrt[3]{1+\dfrac{4\sigma_{ty}{}^2}{t^2}} - 1 \right) \\[4mm] D_z = \dfrac{z^3}{12t}\left(\sqrt[3]{1+\dfrac{9\sigma_{tz}{}^2}{t}} + \sqrt[3]{1+\dfrac{4\sigma_{tz}{}^2}{t^2}} - 1 \right) \end{cases} \tag{5-20}$$

有学者曾在其研究中提出时间 t 可按如下公式计算:

$$t = \bar t \,\frac{3 - \sqrt{1 + \dfrac{4\sigma_t{}^2}{\bar t^{\,2}}}}{2}$$

从上式中可以看出,当 $\sigma_t{}^2/\bar t^{\,2}$ 较小时,可直接用 $\bar t$ 代替 t;当 $\sigma_t{}^2/\bar t^{\,2}$ 较大

时,则不能忽略其值的大小。所以在 x、y、z 方向上的扩散系数最终可表达为:

$$\begin{cases} D_x = \dfrac{x^3}{\overline{t}} \dfrac{\sqrt[3]{1+\dfrac{4\sigma_{tx}^2}{\overline{t}^2}}-1}{\sqrt[3]{1+\dfrac{9\sigma_{tx}^2}{\overline{t}}}+4} \\[30pt] D_y = \dfrac{y^3}{\overline{t}} \dfrac{\sqrt[3]{1+\dfrac{4\sigma_{ty}^2}{\overline{t}^2}}-1}{\sqrt[3]{1+\dfrac{9\sigma_{ty}^2}{\overline{t}}}+4} \\[30pt] D_z = \dfrac{z^3}{\overline{t}} \dfrac{\sqrt[3]{1+\dfrac{4\sigma_{tz}^2}{\overline{t}^2}}-1}{\sqrt[3]{1+\dfrac{9\sigma_{tz}^2}{\overline{t}}}+4} \end{cases} \quad (5\text{-}21)$$

5.3 一元非线性回归分析法与单站法计算结果的验证

5.3.1 计算结果

(1) 一元非线性回归分析法结果

为计算系数 A 和 B,采用中心差分法处理,解得:$A=-0.110\,5$,$B=2\,708.103\,9$,则拟合一元二次方程为:

$$Y = -0.110\,5T^2 - \frac{3}{2}T + 2\,708.103\,9$$

为验证拟合方程的可靠程度,用下式对其进行相关性验证:

$$r = \frac{\sum_{i=0}^{n}(T_{i+\frac{1}{2}}-\overline{T})(Y_{i+\frac{1}{2}}-\overline{Y})}{\sqrt{\sum_{i=0}^{n}(T_{i+\frac{1}{2}}-\overline{T})^2 \sum_{i=0}^{n}(Y_{i+\frac{1}{2}}-\overline{Y})^2}} \quad (5\text{-}22)$$

计算得相关系数 $r=-0.65$,显著性水平 $\alpha=0.03$,由相关系数检验表查得临界值 $r_a=0.589\,2$,故而得到 $|r|>r$,说明 Y 与 T 的线性关系明显。

将试验水槽的流速 $u_x=0.16\ \text{m/s}$,$u_y=0.06\ \text{m/s}$,$u_z=0.007\ \text{m/s}$,以及

系数 A 和 B 代入式(5-13),计算得扩散系数为:

$$\begin{cases} D_x = \dfrac{0.003\,6x^2 - 0.025\,6y^2}{4(9.749\,2 - 0.110\,5y^2)} \\[3mm] D_y = \dfrac{0.025\,6y^2 - 0.003\,6x^2}{4(69.327\,5 - 0.110\,5x^2)} \\[3mm] D_z = \dfrac{0.000\,9z^2}{4[0.249\,6 - 0.110\,5\,(x+y)^2]} \end{cases} \quad (5\text{-}23)$$

（2）单站法

单站法中,方差和中心时间的计算公式也可以表达为:

$$\begin{cases} \bar{t} = \dfrac{\displaystyle\int_{-\infty}^{t} C\tau\,\mathrm{d}\tau}{\displaystyle\int_{-\infty}^{t} C\,\mathrm{d}\tau} \\[5mm] \sigma_t{}^2 = \dfrac{\displaystyle\int_{-\infty}^{t} C\,(\tau - \bar{t})^2\,\mathrm{d}\tau}{\displaystyle\int_{-\infty}^{t} C\,\mathrm{d}\tau} \end{cases} \quad (5\text{-}24)$$

由式(5-21)和式(5-24)最终得扩散系数表达式为:

$$\begin{cases} D_x = \dfrac{x^3}{\bar{t}}\,\dfrac{\sqrt[3]{1 + \dfrac{8}{3}\left(1 - \dfrac{\bar{t}}{t}\right)^2} - 1}{\sqrt[3]{1 + \dfrac{6}{t}\left(1 - \dfrac{\bar{t}}{t}\right)^2} + 4} \\[8mm] D_y = \dfrac{y^3}{\bar{t}}\,\dfrac{\sqrt[3]{1 + \dfrac{8}{3}\left(1 - \dfrac{\bar{t}}{t}\right)^2} - 1}{\sqrt[3]{1 + \dfrac{6}{t}\left(1 - \dfrac{\bar{t}}{t}\right)^2} + 4} \\[8mm] D_z = \dfrac{z^3}{\bar{t}}\,\dfrac{\sqrt[3]{1 + \dfrac{8}{3}\left(1 - \dfrac{\bar{t}}{t}\right)^2} - 1}{\sqrt[3]{1 + \dfrac{6}{t}\left(1 - \dfrac{\bar{t}}{t}\right)^2} + 4} \end{cases} \quad (5\text{-}25)$$

由式(5-25)可以看出,中心时间 $\bar{t}$ 与水流时间 t 是不同的,当精度要求不高时,可以忽略 $\bar{t}/t$ 的值;如果要求较高,则必须按公式进行计算。由现场试验数据也可以看出,中心时间 $\bar{t}$ 与投放示踪剂的距离基本成正比,而方差 σ_t^2 大小虽然也与投放示踪剂的距离有关系,但并不呈明显的正比关系,如果采用两站法计算方差值时可能出现负值,这是试验结果所不允许的,而单站法则不会出现类似问题。这也充分说明在示踪试验中使用单站法比两站法更有优势。

5.3.2 相对中值误差验证

示踪试验数据分析方法中,回归分析法是应用较多的方法,单站法是基于两站法改进得到的新方法。本节将采用相对中值误差验证的方法,对两种方法的计算结果进行检验。相对中值误差检验就是以实际的观测值与计算结果的吻合程度进行判断,其公式如下:

$$e_{0.5} = 0.674\ 5\sqrt{\frac{\sum\left(\frac{y_i - y_i'}{y_i}\right)^2}{n-1}} \tag{5-26}$$

式中 y_i——示踪剂浓度观测值,mg/L;

y_i'——示踪剂浓度计算值,mg/L。

表 5-3 中列出了投放示踪剂后,示踪剂浓度观测值以及一元非线性回归分析法和单站法的浓度计算值。

表 5-3   示踪剂浓度观测值与计算值对比   单位:mg/L

纵向扩散距离/cm	试验观测值	回归法计算值	单站法计算值
50	1.330 1	1.642 1	1.468 7
100	1.243 6	1.558 3	1.410 5
150	1.168 7	1.502 9	1.382 7
200	1.124 7	1.469 7	1.330 9
250	1.103 9	1.336 2	1.264 8
300	1.080 2	1.297 3	1.243 1
350	1.079 8	1.251 2	1.195 7
400	1.045 1	1.209 4	1.148 3
450	1.023 3	1.182 2	1.103 5
500	1.008 7	1.170 3	1.096 9
550	1.004 6	1.144 8	1.086 6
600	0.993 5	1.138 2	1.080 2

将一元非线性回归分析的结果和单站法的结果分别代入式(5-26)中,前者计算得 $e_{0.5} = 0.146\ 6$,后者计算得 $e_{0.5} = 0.088\ 5$,说明单站法计算所得数值

与试验值更贴近。事实上从两种理论方法的推导过程中也可以看出,单站法相比于一元非线性回归方法更严谨,也更科学。

5.3.3　结果讨论

图 5-8 是根据单站法计算的湿地水流纵向、横向、垂向的扩散系数变化图。从图中我们可以看出,随着扩散时间的持续以及扩散距离的增加,横向扩散系数与纵向扩散系数均呈现先增大后基本维持稳定的特点。纵向扩散系数的稳定值出现在纵向距离小于 600 m 的范围内,而横向扩散系数稳定值出现在横向距离小于 250 m 的范围内,说明湿地水域中水流的扩散仍以纵向和横向扩散为主,且纵向扩散的作用大于横向扩散作用。垂向扩散系数相比于纵向和横向而言可以忽略不计。

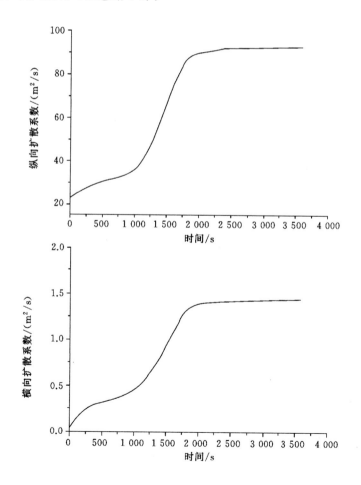

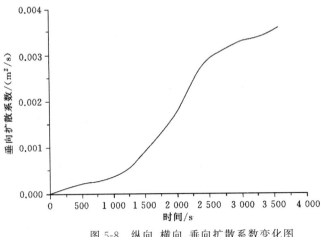

图 5-8　纵向、横向、垂向扩散系数变化图

5.4　水槽试验的合理性分析

无论一元非线性回归分析法还是单站法,计算结果均是在水槽试验的基础上得到的,因此水槽试验合理与否,直接影响计算结果的可靠性。本节将对本书设计的水槽试验的合理性进行分析。

5.4.1　水槽试验条件的合理性分析

试验所用的水槽采用几何相似原理设计。水槽尺寸与所选湿地研究区域的尺寸比例,长和宽比例 1∶1 000,深高比例 1∶2。由于湿地的宽深比很大,所以此处长度、宽度和高度采用不同的比例系数是合理的。水槽底部水力坡降依据模型长度和深度的比例系数计算获得,底部植入模拟荷花与芦苇等植被,最大程度上模拟了湿地底部水力阻力与粗糙率。模拟试验过程中在水槽底端设置稳水栅,尽量避免水流流入引起的紊动,并在底部连续释放示踪剂,以模拟回填矸石连续释放重金属污染物的过程。

水动力条件以稳流为主,$Re < 500$,基本符合模拟湿地水动力条件,所以认为水槽试验条件是合理的。

5.4.2　试验结果合理性分析

在红荷湿地中选定部分区域,连续不断投放示踪剂,在距离示踪剂释放源 100 m、200 m、300 m、400 m、500 m、600 m 的位置取样分析。将湿地区域和水槽试验采集得到的示踪剂浓度在纵向、横向和垂向上的分布分别进行比对，列于图 5-9～图 5-11 中，可以看出，示踪剂浓度在模拟湿地区域和水槽试验中的变化趋势基本是一致的。

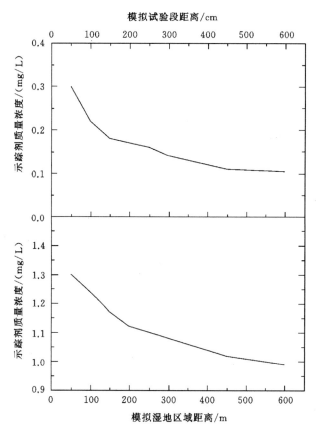

图 5-9　纵向方向上示踪剂浓度对比

如图 5-9 所示，纵向方向上，示踪剂浓度随着与投放点距离的增大而降低，这说明在纵向方向上，即使有连续的释放源，污染物浓度的分布规律也会随着运输距离的增加而降低。从曲线的变化趋势来看，污染物经过一段时间的输移后完全与水混合，浓度梯度逐渐变小。

为研究污染物横向扩散特征，分别在距示踪剂投放口下游 50 m（cm）、300 m（cm）、450 m（cm）、600 m（cm）距离处以与中轴线交汇点为中心点，向两边分别取样 4～6 个点。图 5-10 所示为湿地模拟区域和水槽试验不同距离处示踪剂横向相对浓度分布。可以看出，横向方向上以中轴线为中心，示踪剂

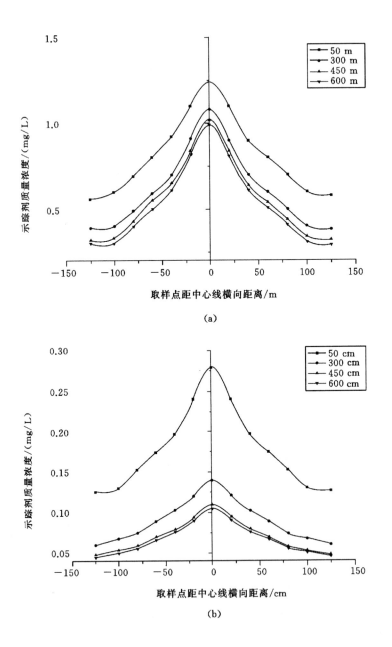

(a)

(b)

图 5-10　横向方向上示踪剂浓度对比

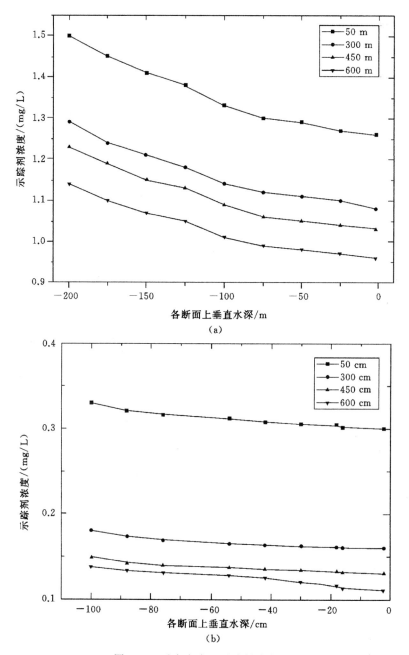

图 5-11　垂向方向上示踪剂浓度对比

浓度向两边呈正态分布。中心处浓度最大,随着横向距离的延伸浓度逐渐降低,直至与水完全混合。随着取样点距中心投放点的距离加大,示踪剂横向浓度呈现逐步降低的趋势,且各点间的相对浓度变化曲线越来越接近,说明越向外扩散,横向方向上的浓度梯度越小,这一特征与纵向方向上的扩散特征相似,示踪剂浓度在模拟湿地区域和水槽试验中的横向扩散特征也基本是一致的。

为充分研究污染物在垂向上的扩散特征,本书仍以距示踪剂投放口下游 50 m(cm)、300 m(cm)、450 m(cm)、600 m(cm)距离处以与中轴线交汇点分别为中心点,每个中心点向下垂向上根据模拟湿地区域和水槽的深度分别设置 6~8 个点进行取样,用于比对不同深度示踪剂浓度的变化规律。从图 5-11 中不难看出,水深越大,底层浓度越高。从图 5-11(a)与(b)的对比中可以发现,虽然两图中曲线变化趋势是一致的,但水槽试验中垂向上污染物浓度变化曲线没有模拟湿地区域的污染物浓度变化曲线陡峭,出现这种现象的最可能的原因是天然湿地条件下随着水深的增加水流更容易紊乱,当水流紊动较强时,加快了污染物纵向的混合输移运动,减弱了垂向扩散能力,这也解释了为什么两图中浓度曲线间距变化特征并不一致。

5.5 湿地条件下污染物纵向扩散系数影响因素分析

湿地水流中横向扩散、纵向扩散和垂向扩散中,纵向扩散起主导作用,也是最常用于研究污染物扩散的一个重要指标。因此,本节在前面研究的基础上,继续对湿地水流纵向扩散系数的影响因素进行探讨。

根据 Nepf 模型[119]和 Serra 模型[120],污染物纵向扩散系数的影响因素主要包括植被直径、水流阻力系数等因素。本节选取植被直径、湿地水流阻力系数和直径雷诺数分析植被生态特征与纵向扩散系数的关系;以湿地内优势种群——荷花为研究对象,利用单站法计算各断面纵向扩散系数,分析这些因素对纵向扩散系数的影响。

5.5.1 荷花直径与纵向扩散系数的关系

选取 3~6 断面荷花为研究区域,分析荷花直径与纵向扩散系数之间的关系,将各取样点计算所得纵向扩散系数与荷花直径作散点图,如图 5-12(a)所示。从图中可以看出,纵向扩散系数与荷花直径间呈现出线性关系,为了进一步研究它们之间的相关性大小,将纵向扩散系数与荷花直径进行线性拟合,得到一元线性拟合方程,如图 5-12(b)所示。

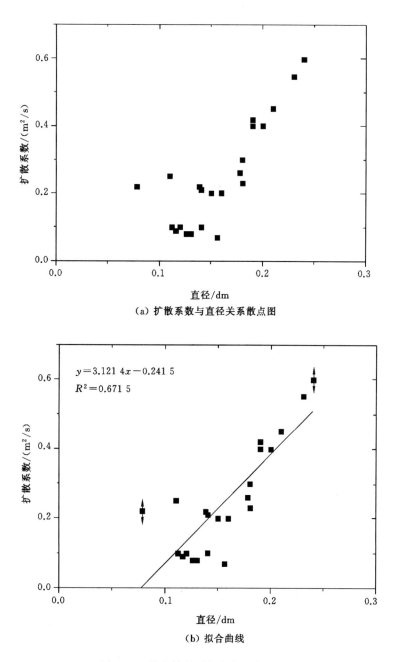

（a）扩散系数与直径关系散点图

$$y = 3.121\ 4x - 0.241\ 5$$
$$R^2 = 0.671\ 5$$

（b）拟合曲线

图 5-12　纵向扩散系数与荷花直径关系

虽然纵向扩散系数与荷花直径间呈一元线性相关关系,但相关系数 $R^2 =$ 0.671 5,二者的相关性并不很好,由此可知植被直径能够影响湿地中污染物的纵向扩散,但不是唯一的影响因素。

5.5.2 纵向扩散系数与雷诺数关系

将各监测点计算所得纵向扩散系数与荷花直径雷诺数作散点图,并进行线性拟合,如图 5-13 所示。

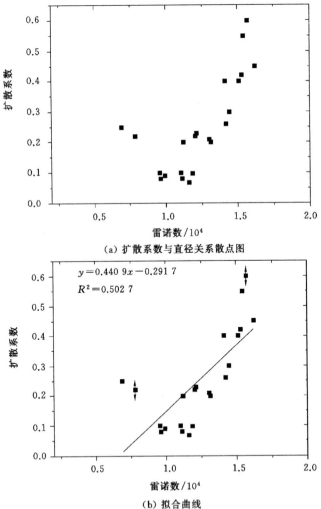

（a）扩散系数与直径关系散点图

（b）拟合曲线

图 5-13 纵向扩散系数与荷花直径雷诺数关系

　　由图 5-13(a)中可以看出,纵向扩散系数与荷花直径雷诺数间也呈现出线性关系,将纵向扩散系数与荷花直径雷诺数进行线性拟合,获得拟合曲线如图 5-13(b)所示。从图 5-13(b)中不难发现,纵向扩散系数与荷花直径雷诺数虽然能勉强呈现一元线性相关关系,但相关系数 $R^2 = 0.502\ 7$,二者的相关性和纵向扩散系数与荷花直径相关性相比并不很好,可见在纵向扩散系数的影响因素中,荷花直径大小对扩散系数的影响比直径雷诺数对扩散系数的影响更大。

5.5.3　纵向扩散系数与水流阻力系数关系

　　将各监测点计算所得纵向扩散系数与水流阻力系数作散点图,并进行线性拟合,如图 5-14 所示。

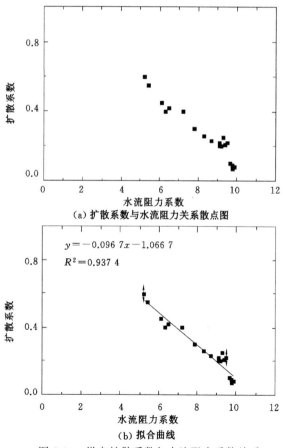

(a)扩散系数与水流阻力关系散点图

$y = -0.096\ 7x - 1.066\ 7$
$R^2 = 0.937\ 4$

(b)拟合曲线

图 5-14　纵向扩散系数与水流阻力系数关系

从图 5-14 中可以看出,纵向扩散系数与水流阻力系数呈现出良好的线性关系,其相关系数 $R^2 = 0.937\ 4$。

对比纵向扩散系数与荷花直径、荷花直径雷诺数以及水流阻力系数等三个参数的线性相关拟合曲线,发现虽然纵向扩散系数的大小受多种因素的影响,但水流阻力系数对它的影响最为重要。

5.6 基于湿地水流阻力的纵向扩散系数计算模型

在湿地稳定水流中,污染物的扩散包括分子扩散、紊动扩散和离散,由于水流特性,分子扩散和紊动扩散均可忽略不计,只考虑离散作用。污染物的离散在三维空间内又包括纵向扩散、横向扩散和垂向扩散,三者中纵向扩散又是污染物扩散最重要的扩散途径。

湿地水流中纵向扩散系数受荷花直径、水流阻力、雷诺数的影响,分别呈现不同程度的线性相关关系。在湿地水流中,水流的阻力主要来源于植被的阻力作用,因此,本节重点研究并推导在水流阻力和植被阻力作用下,污染物纵向扩散系数的计算模型。

5.6.1 湿地水流中植被阻力系数的确定

湿地中的植被包括沉水植被和挺水植被,这些植被的枝叶、茎干及植被与植被之间的间距等都会引起水流的阻力。与沉水植被相比,挺水植被的阻力作用较大。根据已有的研究,植被阻力原理源于圆柱绕流原理,要确定阻力大小的关键是确定阻力系数。

在试验水槽内部,由于安装了稳水栅,入口处水流稳定,水流流量也近似恒定,可以认为研究区域内水流受力基本平衡,设水面坡降近似为常数。由此,采用伯努利方程计算沿程水头损失 H_0[见式(5-27)]、达西阻力公式计算摩阻因子 f[见式(5-28)]和植被扰流阻力系数 C_d[见式(5-29)]。

$$\alpha_1 \frac{u_1^2}{2g} + h_1 = \alpha_2 \frac{u_2^2}{2g} + h_2 + H_0 \tag{5-27}$$

式中　α——动能修正系数,根据断面流速的不同,其取值也不同,本书取
　　　　　 1.2;

　　　 u——测点的水流速度,m/s;

　　　 h——测点处相应水位,m;

　　　 g——重力加速度,m²/s;

1 和 2——两测点所处的上、下两端面。

$$f = \frac{H_0}{L} \cdot \frac{8gh}{v^2} \tag{5-28}$$

式中　L——上、下两端面间的距离，m；

　　　H_0——上、下两断面间的水头损失，m。

$$C_d = f \frac{\Delta x \Delta y h - V}{4Ah} \tag{5-29}$$

式中　Δx、Δy——模拟植被间纵向平均长度和横向平均宽度，m；

　　　h——水深，m；

　　　V——研究区域植被所占体积，m^3；

　　　d——直径，m。

在计算同一流线上沿程水头损失时，水流表面的流速和水位是可以利用流速和水位测量仪测得的，水面以下的水流流速和水位很难准确测量，因此，采用线性插值方法来获得。为了使计算更简便，植被之上阻力系数采用虚拟值计算，见式(5-30)。

$$A = \frac{\pi}{4} d^2 h \tag{5-30}$$

式中　A——动量吸收面积，m^2；

　　　$d = 0.960\,5h^{0.833\,1}$。

因为荷花直径随高度变化不大，动量可近似看作长方形，研究单元内荷花植被所占体积利用圆柱体积公式计算。

5.6.2　纵向扩散系数模型推导

在确定了摩阻因子 f 和植被扰流阻力系数 C_d 后，可以对纵向扩散系数做进一步的推导。首先从模拟植被-荷花群落间水流流速表达式开始：

$$u = \sqrt{\frac{2ga_x a_y J}{dC_d}} \tag{5-31}$$

式中　J——水力坡降；$\sqrt{a_x a_y}$ 用植被间空间平均距离 l 来表示，则上式可表示为植被直径 d、植被扰流阻力系数 C_d、水力坡降 J、植被间空间平均距离 l 的函数，表达式为：

$$u = f(C_d, d, J, l) \tag{5-32}$$

Nepf 等[118-119]在考虑植被密度和植被阻力后,建立了污染物离散系数计算模型,表达式为:

$$\frac{k}{ud} = \frac{\alpha_1^2}{2}\left(\frac{l}{d}\right)^2 \tag{5-33}$$

式中　k——离散系数;

　　　α_1——模型常数;

　　　d——植被直径,m;

　　　u——断面平均流速,m/s。

在纵向扩散阶段,将式(5-32)中的 u 代入式(5-33),而 ud 则根据植被直径雷诺数公式 $Re = \dfrac{ud}{\nu}$,也可将其用 Re 代替表示,因此,式(5-33)最终可表示为:

$$k = \frac{C_d Re\nu}{4gJ} \cdot \alpha_1^2 \cdot u^2 \tag{5-34}$$

式中,综合考虑了水流阻力系数、植被雷诺数、水流速度和水力坡降等对污染物纵向扩散运动的影响。利用水槽试验中的数据,采用多元回归分析方法拟合得到该试验条件下污染物纵向扩散系数与水流阻力系数、植被雷诺数、水流速度和水力坡降的表达式为:

$$k = \frac{\alpha_1^2 \nu}{4gJ^{0.02}} \cdot C_d^{-0.63} Re^{-0.09} \cdot u^{1.04} \tag{5-35}$$

该拟合函数的复相关系数为 0.95,F 检验值为 189.23>$F_{0.05}$=0.21,说明污染物纵向扩散与水流阻力系数、植被雷诺数、水流速度和水力坡降曲线拟合程度较好。

5.7　本章小结

(1) 本章利用一元非线性回归分析法和单站法两种方法,分别计算了污染物纵向扩散系数、横向扩散系数和垂向扩散系数。通过相对误差中值验证,发现单站法所得结果更加科学,精确度更高。从扩散系数计算结果来看,湿地系统中的扩散仍然以纵向和横向扩散为主,垂向扩散作用较弱。

(2) 将水槽试验所得数据与模拟湿地段示踪试验数据相比较,进行合理性分析,认为室内水槽模拟试验的结果是合理的。

(3) 由于纵向扩散系数是污染物扩散过程中最主要的扩散特征参数,因此在 Nepf 等[118-119]提出的扩散模型的基础上,结合本书试验水槽中荷花-芦苇群落的生态特征,将水流阻力系数、植被雷诺数、水流速度和水力坡降联系起来,利用多元非线性逐步回归分析方法,对荷花-芦苇群落之间污染物纵向离散系数进行了拟合,复相关系数和 F 检验结果表明,改进后的 Nepf 模型精度较高。

第6章 点源污染物二维随机游动扩散模拟

6.1 水动力控制方程模型的建立

6.1.1 水动力学模型控制组方程

自然水体中,重金属在水流的纵向扩散、横向扩散和垂向扩散作用下向外扩散,但对于湿地、近海等浅水区域,垂直方向上水流流速与水平方向相比是可以忽略的。重金属浓度在垂直方向上的变化梯度也要远小于水平方向,可以用沿水深积分的方法来近似描述水体的运动特性,因此可以将复杂的三维问题转化为二维问题。

假设水流恒定不可压缩且密度为常数,则在笛卡尔坐标下,一般二维水流连续性方程可改写为:

$$\frac{\partial \varphi}{\partial t} + \frac{\partial q_x}{\partial x} + \frac{\partial q_y}{\partial y} = 0 \tag{6-1}$$

其动量方程为:

$$\begin{cases} \rho \dfrac{\partial u}{\partial t} + \rho \dfrac{\partial (\beta uU)}{\partial x} + \rho \dfrac{\partial (\beta uV)}{\partial y} = \rho u\, f_x - \dfrac{H}{\rho} \dfrac{\partial \varphi}{\partial x} + \mu \left(\dfrac{\partial^2 u}{\partial x^2} + \dfrac{\partial^2 u}{\partial y^2} \right) \\[2mm] \rho \dfrac{\partial v}{\partial t} + \rho \dfrac{\partial (\beta vU)}{\partial x} + \rho \dfrac{\partial (\beta vV)}{\partial y} = \rho u\, f_y - \dfrac{H}{\rho} \dfrac{\partial \varphi}{\partial y} + \mu \left(\dfrac{\partial^2 v}{\partial x^2} + \dfrac{\partial^2 v}{\partial y^2} \right) \end{cases}$$

$$\tag{6-2}$$

式中 ρ——水流密度,kg/m³;

u、v——水流瞬时横向流速和纵向流速,m/s;

β——与垂向流速分布不均有关的动量修正系数,取 1.0;

U、V——释放源项水流在 x、y 方向的初始速度,湿地水流中假设流速是恒定的,故而 U、V 与 u、v 大小相同,m/s;

f——地球自转引起的科里奥利系数;

H——水深，m；

μ——动力黏滞系数，假定为常数，此处取值为 1.0。

6.1.2　方程定解条件和数值求解方法

建立控制方程后，根据湿地水流流动的具体条件给出定解条件。方程的初始条件要求给定模拟初始时刻的水流流速值和水位值，给定方式包括两种：一是设全场流速为零，水位值统一；二是根据已有的理论、经验数值或数值计算结果给定具有物理意义的全场流速值和水位。本书为使计算简便可行，取第一种方法给定初始条件。

水动力计算中边界条件的给定一般也分为两种形式，即固壁边界和开边界。固壁边界指的是客观存在的边界，如河岸、海岸、结构物轮廓等。本书水动力模型中固壁边界采用考虑无渗透条件和部分滑移条件。

给定边界条件后，采用有限差分法进行数值求解。将模拟计算区域划分成均匀的矩形网格，将水位节点与流速节点交错布置于网格中心和两边，地形节点设于网格角点，这样既避免了求解过程中的数值震荡，又可以对其他地形进行插值法求得。

有限差分法将二维问题转化成两次求解一维问题，并结合边界条件，在每一时间步长内对差分方程采用追赶法求解。求解过程中分前半个步长和后半个步长，每个半时间步长内分别将连续性方程与 x 方向动量和 y 方向动量联立，先对相应方向流速进行隐式求解，再对另一方向流速进行显式求解。这样 x 和 y 两个方向的计算交替进行，直到计算时间结束。整个模型在时间和空间上都采用二阶精度。

6.2　点源污染物二维随机游动扩散模型的建立及实现方法

6.2.1　随机游动扩散理论基本原理

随机理论中物质的扩散现象可以分为分子扩散和湍流扩散，无论哪种扩散现象，均把研究的物质分解成一个个质点粒子，以每个粒子代表一定量溶质，其运动由粒子扩散运动和水体的对流运动组成。在一维扩散的条件下，首先假设质点做类似于分子的自由运动而形成扩散，则在 x 轴上，t 时刻质点粒子到达 x 处的概率为：

$$P = \frac{l}{\sqrt{\pi D t}} \exp\left(-\frac{x^2}{4Dt}\right) \qquad (6\text{-}3)$$

式中, l 为分子自由程, m; D 为扩散系数 m^2/s。

它与一维点源扩散欧拉方程的浓度解有同样形式,根据式(6-3), t 时刻质点粒子扩散至 x 与 Δx 间的概率密度为:

$$\Delta P = \frac{1}{2\sqrt{\pi D t}} \exp\left(-\frac{x^2}{4Dt}\right) \Delta x \qquad (6\text{-}4)$$

式(6-4)说明,粒子沿 x 轴方向随机运动的概率密度分布 $\Delta P/\Delta x$ 符合正态分布,也就是说在一维方向上,无论 x 方向还是 y 方向,粒子随机运动概率密度分布都遵循正态分布。

对于一维的随机扩散过程,可用如下随机微分方程式表达:

$$\Delta x_p = u_p \Delta t + r(t) \sqrt{2D_p \Delta t} \qquad (6\text{-}5)$$

式中 Δx_p —— t 时刻粒子扩散的距离, m;

u_p —— t 时刻的流速, m/s;

$r(t)$ ——一个符合正态分布的随机数,取值范围(0,1);

D_p ——扩散系数, m^2/s。

式(6-5)的形式与伊藤公式是等价的,因此对于任意一个函数 $F(x,t)$,如果它具有连续的二阶导数,且变量 x 满足伊藤公式,我们可以说 $F(x,t)$ 满足以下方程:

$$\frac{dF(x,t)}{dt} = \left[\frac{\partial F}{\partial t} + \mu(t)\frac{\partial F}{\partial x} + \frac{\sigma^2(t)}{2}\frac{\partial^2 F}{\partial x^2}\right](x,t) + \frac{\partial F}{\partial t}(x,t)\sigma(t)dB(t)/dt$$

$$(6\text{-}6)$$

式中 $\mu(t)$ ——漂移系数;

$\sigma(t)$ ——扩散系数;

$B(t)$ ——标准布朗运动。

式(6-6)两边对时间同取期望后有:

$$E\frac{dF(x,t)}{dt} = E\left[\mu(t)\frac{\partial F}{\partial x}(x,t)\right](x,t) + E\left[\frac{\sigma^2(t)}{2}\frac{\partial^2 F}{\partial x^2}\right](x,t) +$$

$$E\left\{\frac{\partial F}{\partial t}(x,t)[1+\sigma(t)dB(t)/dt]\right\} \qquad (6\text{-}7)$$

由于函数 $F(x,t)$ 连续且有概率密度函数 $P(x,t)$,因此式(6-7)两边取分部积分,最后整理可以得到:

$$\int(\partial_t P)F(x,t)dx + \int F(x,t)\partial_x[P\mu(t)]dx - \int F(x,t)\partial_x^2\left[P\frac{\sigma^2(t)}{2}\right]dx = 0$$

$$(6\text{-}8)$$

由式(6-8)可得浓度和概率密度函数间存在以下关系：

$$C(x,t) = \int_{-\infty}^{t} dt \int_{-\infty}^{+\infty} C(x_{t0}, t_0) P(x_t \mid x_{t0}) dx_{t0} \tag{6-9}$$

因此，式(6-5)模拟得到的粒子扩散分布结果最终可以由式(6-9)中初始浓度和随机游动的概率密度函数来表示。将上述一维情况推广到二维情况，其等价关系同样存在，只是每个粒子的随机游动过程由一维变为二维，公式中的一维扩散距离 x 需以表示二维扩散的向量 X 代替。由此可见，运用随机游动方法描述的粒子扩散现象与扩散方程描述的现象本质上是一致的，下面将介绍基于随机游动方法扩散模型的推导过程。

6.2.2　基于随机游动扩散过程的模型推导

将式(6-1)与一般二维对流扩散的控制方程联立为：

$$\begin{cases} \dfrac{\partial \varphi}{\partial t} + \dfrac{\partial q_x}{\partial x} + \dfrac{\partial q_y}{\partial y} = 0 \\[2mm] \dfrac{\partial C}{\partial t} + u \dfrac{\partial C}{\partial x} + v \dfrac{\partial C}{\partial y} + rC = D_x \dfrac{\partial^2 C}{\partial x^2} + D_y \dfrac{\partial^2 C}{\partial y^2} \end{cases} \tag{6-10}$$

式中　u、v——湿地水流纵向、横向的流速瞬时值，m/s；

x、y——研究微团的纵向、横向两个方向；

D_x、D_y——湿地水流纵向、横向两个方向上的扩散系数，m^2/s；

rC——随机游动过程的随机数。

设初始条件 $C(Q) = f(Q)$，$Q \in \Gamma$，Ω 是一个二维的时空域，Γ 为 Ω 的边界，P 为 Ω 内的点，Q 为 Γ 上的点，边界条件限于第一类边界条件。

将研究区域分解为独立的微团，即采用网格划分的方法，以平行于坐标轴的网格覆盖整个区域 Ω，如图 6-1 所示。时间步长为 $\Delta t = h_t$，纵向、横向和垂向上的扩散距离步长分别为 $\Delta x = h_x$、$\Delta y = h_y$、$\Delta z = h_z$。为使计算简便，在每一平面层内将时空域中的初始条件与边界条件合并一起表达，如图 6-2 所示，$P_{ij}(i=1,2,3,4,5; j=1,2,3,4,5)$ 为微团中 i 平面上与 P 点相邻的时空内 5 个节点。对每一平面上的节点采用迎风显式差分方法，计算其时间前差。

本书以中心平面上的 P 点为例给出其推导过程。对于中心平面 $P_{1j}(j=1,2,3,4,5)$ 点，其迎风显式时间前差为：

$$\frac{C_p - C_{15}}{h_t} + \frac{u + |u|}{2} \frac{(C_p - C_{11})}{h_x} + \frac{u - |u|}{2} \frac{(C_p - C_{12})}{h_x} +$$

$$\frac{v + |v|}{2} \frac{(C_p - C_{13})}{h_y} + \frac{v - |v|}{2} \frac{(C_p - C_{14})}{h_y} -$$

$$D_x \frac{C_{12} - 2C_p + C_{11}}{h_x^2} - D_y \frac{C_{14} - 2C_p + C_{13}}{h_y^2} + rC_p = S \qquad (6-11)$$

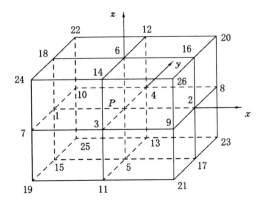

图 6-1 微团空间三维网格图

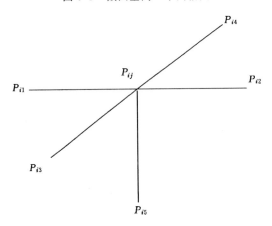

图 6-2 微团中每一平面上 P 点相邻 5 节点分布

合并整理得:

$$\left(1 + \frac{u + |u|}{2} \frac{h_t}{h_x} + \frac{u - |u|}{2} \frac{h_t}{h_x} + \frac{v + |v|}{2} \frac{h_t}{h_y} + \frac{v - |v|}{2} \frac{h_t}{h_y} + 2D_x \frac{h_t}{h_x^2} + 2D_y \frac{h_t}{h_y^2} + rh_t\right) C_p$$

$$= \left(\frac{u + |u|}{2} \frac{h_t}{h_x} + D_x \frac{h_t}{h_x^2}\right) C_{11} + \left(\frac{u - |u|}{2} \frac{h_t}{h_x} + D_x \frac{h_t}{h_x^2}\right) C_{12} +$$

$$\left(\frac{v + |v|}{2} \frac{h_t}{h_y} + D_y \frac{h_t}{h_y^2}\right) C_{13} + \left(\frac{v - |v|}{2} \frac{h_t}{h_y} + D_y \frac{h_t}{h_y^2}\right) C_{14} + C_{15} + S$$

$$(6-12)$$

对各系数做如下定义：

$$\begin{cases} \alpha_x = D_x \dfrac{h_t}{h_x^2}, \alpha_y = D_y \dfrac{h_t}{h_y^2} \\[2mm] \beta_{x1} = \dfrac{u + |u|}{2} \dfrac{h_t}{h_x}, \beta_{x2} = \dfrac{u - |u|}{2} \dfrac{h_t}{h_x} \\[2mm] \beta_{y1} = \dfrac{v + |v|}{2} \dfrac{h_t}{h_y}, \beta_{y2} = \dfrac{v - |v|}{2} \dfrac{h_t}{h_y} \\[2mm] P_0 = 1 + \beta_{x1} - \beta_{x2} + \beta_{y1} - \beta_{y2} + 2\alpha_x + 2\alpha_y \end{cases} \quad (6\text{-}13)$$

对各系数两端除以 P_0，则有：

$$\begin{cases} P_{11} = \dfrac{\alpha_x + \beta_{x1}}{P_0}, P_{12} = \dfrac{\alpha_x - \beta_{x2}}{P_0} \\[2mm] P_{13} = \dfrac{\alpha_y + \beta_{y1}}{P_0}, P_{14} = \dfrac{\alpha_y + \beta_{y2}}{P_0} \\[2mm] P_{15} = \dfrac{1}{P_0}, P_e = \dfrac{rh_t}{P_0}, P_s(P) = \dfrac{h_t}{P_0} \end{cases} \quad (6\text{-}14)$$

于是空间中 P 点第一平面的浓度可表示为：

$$C_1(P) = \frac{1}{1 + P_e} \sum_{j=1}^{5} \left[P_{1j}(P)C(P_{1j}) + P_s(P)S(P) \right] \quad (6\text{-}15)$$

从式(6-15)中可以看出，空间一平面上的点的对流扩散浓度受扩散、对流及内源项的影响。在湿地水流中，水流流速平稳，因此对流项可以忽略不计。为进一步简化计算过程，假设湿地水流中无污染物内源项，于是式(6-15)可进一步简化为：

$$C_1(P) = \frac{1}{1 + P_e} \sum_{j=1}^{5} P_{1j}(P)C(P_{1j}) \quad (6\text{-}16)$$

将式(6-16)推广到二维空间平面中，可以得到以二维空间网格中污染物浓度的随机游动扩散模型：

$$C_{ij}(P) = \frac{1}{1 + P_e} \sum_{i=1}^{j} \sum_{j=1}^{5} P_{ij}(P)C(P_{ij}) \quad (6\text{-}17)$$

红荷湿地塌陷区回填煤矸石时，由于煤矸石中所含重金属元素在一段时间内连续释放，所以可以将回填区煤矸石视为连续释放的点源污染源，则问题可转化为二维连续点源扩散，其扩散浓度公式为：

$$C(i,j) = \frac{M/H}{4\pi t \sqrt{D_x D_y}} e^{-\left[\frac{x^2}{4D_x t} + \frac{y^2}{4D_y t} \right]} \quad (6\text{-}18)$$

式中，D_x 和 D_y 是湿地水流的纵向和横向扩散系数，m^2/s；M 是煤矸石回填区

矸石的初始溶出浓度,mg/L,由于此处用于回填的煤矸石粒径为 2～5 cm,取粒径中值 3.5 cm,则有:

$$M = M_0 + A e^{3.5R_0}$$

最终式(6-18)可整理为:

$$C(i,j) = \frac{(M_0 + A e^{3.5R_0})/H}{4\pi t \sqrt{\dfrac{x^3 y^3}{\bar{t}^2} \left(\dfrac{1 + \dfrac{8}{3}\left(1 - \dfrac{\bar{t}}{t}\right)^2}{1 + \dfrac{6}{t}\left(1 - \dfrac{\bar{t}}{t}\right)^2} \right)^{\frac{2}{3}}}} e^{-\left[\frac{x^2}{4D_x t} + \frac{y^2}{4D_y t}\right]}$$

回填后,煤矸石浸泡在湿地中的时间较长,相对于中心时间的时间距可以采用极限处理的方法,因此对上式两边取极限,则回填矸石的源浓度可表达为:

$$C(i,j) = \frac{\bar{t}(M_0 + A e^{3.5R_0})}{4\pi x^2 y^2 H}\left(\frac{11}{3}\right)^{-\frac{3}{2}} \tag{6-19}$$

则每个网格上中心点 P 的随机浓度为:

$$C(P) = \frac{1}{1 + P_e}\sum_{i=1}^{j}\sum_{j=1}^{5} P_{ij}(P)\frac{\bar{t}(M_0 + A e^{3.5R_0})}{4\pi i^2 j^2 H}\left(\frac{11}{3}\right)^{\frac{3}{2}} \tag{6-20}$$

式中　j——二维空间网格中每一平面上的节点数;

　　　i——平面数;

　　　$\bar{t}$——中心时间的一阶时间矩,与水槽试验中的一阶时间矩一致;

　　　M_0——回填矸石的初始溶出浓度,mg/L;

　　　A、R_0——从回填矸石初始溶出量与粒径关系曲线上读取;

　　　P_{ij}——污染物随机游动到 P 点的随机数。

从模型的建立过程中不难看出,P 点浓度与该点处纵向和横向扩散系数和标准正态随机数关系密切,第 4 章中已对纵向和横向扩散系数进行了详细的阐述,本章中只对标准正态随机数的生成进行说明。

6.2.3　随机游动模型标准正态随机数的生成方法

根据前节随机游动的基本理论可知,模型中的随机数必须符合标准正态分布,要求其在[0,1]区间分布。通常在计算机上生成标准正态分布随机数的方法可分为三类:一是利用已有的随机数序列直接生成;二是采用物理装置生成随机数,但此法的费用高,不易使用;三是应用数学公式来生成一系列有规律的随机数序列,本书采用的是使用频率较高的线性同余法来生成随机数。

线性同余法中生成随机数的数学递推公式为:

$$r_{i+1} = x_{i+1}/M \tag{6-21}$$

$$x_{i+1} = \text{mod}(Ax_i + C,M) \tag{6-22}$$

式中，mod 为取余函数；A 为乘子；C 为增量；M 为模。

如果给定初值 x_0 和参数，则可估算得到唯一序列 $x_1,x_2,x_3,\cdots,x_n$，用此序列中的数值同除 M，即可产生 $[0,1]$ 区间上均匀分布的随机序列数。在线性同余法计算过程中随机序列数分布具有周期性，因此为避免这种周期性的出现，取 M 值足够大，并以计算机的系统时间和一个随机数之和作为随机种子，如此可减少和避免相同随机数的生成。

获得均匀分布的随机数后，令

$$\begin{cases} R_x = \sqrt{-2\ln r_x}\cos 2\pi r_y \\ R_y = \sqrt{-2\ln r_x}\sin 2\pi r_y \\ R_z = \sqrt{-2\ln r_x}\sin 2\pi r_y \cos 2\pi r_y \end{cases} \tag{6-23}$$

导出 R_x、R_y、R_z 的联合分布密度函数为：

$$f(R_x,R_y,R_z) = \frac{1}{\sqrt{2\pi}}\exp\left[-\frac{1}{2}(R_x^2 + R_y^2 + R_z^2)\right]$$

$$= \frac{1}{\sqrt{2\pi}}\exp\left(-\frac{1}{2}R_x^2\right)\cdot\frac{1}{\sqrt{2\pi}}\exp\left(-\frac{1}{2}R_y^2\right)\cdot\frac{1}{\sqrt{2\pi}}\exp\left(-\frac{1}{2}R_z^2\right) \tag{6-24}$$

说明得到的三个标准正态随机分布数相互独立且正交。

为满足此三个标准正态随机分布数满足预期的分布情况，增加随机游动扩散模型计算结果的可靠性，需对程序产生的随机数进行检验。用程序产生的任意 20 万个伪随机数样本作概率密度分布图（图 6-3）。从图中可以看出，计算机模拟的随机数样本基本符合标准正态分布，说明了随机游动扩散模型采用此方法产生随机数的可靠性。

6.2.4　污染物随机游动模型的实现方法

污染物随机游动模型是基于随机游动理论，模拟一定数量粒子的随机游动，统计网格中某节点的粒子数，估算该节点处污染物浓度。因此，模型的实现过程中首先需要计算网格各节点不同时间、空间步长的粒子随机数，然后将粒子数转换为该节点的 Pb^{2+}、Cr^{3+}、Cd^{2+} 浓度分布。

对随机游动模型本身而言，模型的实现过程是不需要划分网格计算的，但由于水动力学模型的求解是基于网格实现的，因此，在随机游动模型中时间和

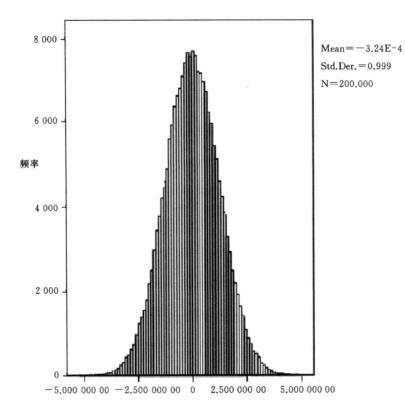

图 6-3　随机数直方图

空间的步长均应大于水动力学模型中的相应步长,随机游动模型中的时间和空间步长通常为水动力模型中的整数倍。为保证计算过程的稳定性,应使粒子运动的库朗数尽量小,确保粒子在一个时间步长内的扩散距离不超过空间网格的间距。

由于沿水深积分可以将三维扩散问题转化为二维扩散问题,因此本书在模拟 Pb^{2+}、Cr^{3+}、Cd^{2+} 扩散过程中忽略垂向的扩散,只考虑纵向和横向的扩散。扩散系数、流速与水深等均视为空间网格信息,采用线性插值方法获得;粒子运动的速度根据网格值差值得到相应的值。

空间网格中时间和空间步长与随机游动模型中时间和空间步长的关系确定之后,即进行随机游动的污染物扩散预测。随机游动模型对大区域物质迁移扩散轨迹预测时,所需粒子数量很大,所以有研究者采用并行的方法,通过产生系列伪随机数来克服因粒子数目大而使单机无法运行的弊端,本书模拟的湿地范围并不大,因此可直接在单机上进行 Pb^{2+}、Cr^{3+}、Cd^{2+} 的随机游动数量的精度模拟。

6.3　点源污染物二维随机游动模型的检验

前文在随机游动理论的基础上,建立了污染物的二维点源连续随机游动迁移模型,本节将对模型结果的可靠性进行检验。本研究中红荷湿地重点保护区的面积远大于塌陷区的面积,因此可将回填区煤矸石视为点源污染物,将湿地视为开阔水域,在随机游动模型中对边界数据的处理采用镜面反射方法,故而此处采用连续点源开阔水面污染物解析解和镜面反射边界方法对模型的可靠性进行检验。

6.3.1　连续点源开阔水面污染物扩散的检验

给定某一开阔静止的水面,水深设为 10 m,水面的计算区域设为长 $x=$ 2 500 m、宽 $y=5\,000$ m,将计算区域按 $100\ m \times 100\ m$ 划分网格,假设计算区域中心一点 (x_0,y_0) 处于 $t=0$ 时刻投放了 200 万个粒子在水中做随机游动,随机游动的空间步长为 $\Delta x = 10$、$\Delta y = 10$,时间步长 $\Delta t = 0.5$ s,扩散系数 $D_x = D_y = 10$ m^2/s。根据给定的条件利用随机游动模型和盒子计数法可模拟得到点源污染物扩散浓度分布结果。

对于上述的假设条件,利用式(6-25)中的连续点源开阔水面污染物二维扩散解析解进行求解:

$$C(x,y) = \frac{M/H}{4\pi t\sqrt{D_x D_y}}e^{-\left[\frac{(x-x_0)^2}{4D_x t} + \frac{(y-y_0)^2}{4D_y t}\right]} \tag{6-25}$$

式中　M——点源污染物浓度,此处可理解为投放的粒子数目;

　　　　H——水深,m;

　　　　D_x、D_y——污染物在水中的纵向和横向扩散系数,m^2/s。

将随机模型模拟结果和解析解求得的结果作图比较,如图 6-4 所示,图中实线代表模拟结果,点代表计算结果。从二者的对比图线中可以看出,随机游动理论下的污染物连续点源扩散浓度分布与二维连续点源扩散解析解浓度分布均沿水流方向呈现对称抛物线形规律分布,且二者的吻合程度较好,说明本书建立的随机游动模型的模拟结果与公式计算的解析解温和效果良好,能够用于湿地水流条件下污染物的扩散规律研究。

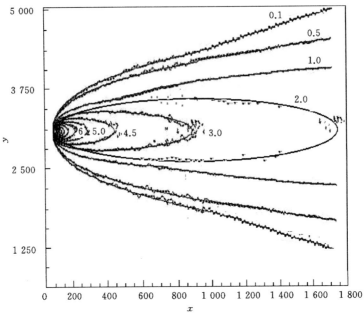

图 6-4　随机游动模型模拟结果与解析解结果对比

6.3.2　镜面反射边界方法效果检验

　　污染物在有界区域扩散过程中,当污染物质扩散到达边界时,由于边界条件的作用,污染物扩散轨迹与先前的扩散轨迹相比必会发生变化,可应用镜面反射边界方法对这一变化进行处理。

　　在上述算例基础上,在 $x_1 = 400$ 和 $x_2 = 1\,000$ 两个位置各加一固壁,则边界处连续点源的二维扩散解析解可表达为:

$$C(x,y) = \frac{M/H}{4\pi t \sqrt{D_x D_y}}\left\{\exp\left[-\frac{(x-x_0)^2}{4D_x t} - \frac{(y-y_0)^2}{4D_y t}\right] + \right.$$

$$\left. \exp\left[-\frac{(x-x_0+x_1)^2}{4D_x t} - \frac{(y-y_0)^2}{4D_y t}\right]\right\}$$

$$C(x,y) = \frac{M/H}{4\pi t \sqrt{D_x D_y}}\left\{\exp\left[-\frac{(x-x_0)^2}{4D_x t} - \frac{(y-y_0)^2}{4D_y t}\right] + \right.$$

$$\left. \exp\left[-\frac{(x-x_0+x_2)^2}{4D_x t} - \frac{(y-y_0)^2}{4D_y t}\right]\right\}$$

　　分别选取 $t_1 = 1\,800\ \text{s}$, $t_2 = 3\,600\ \text{s}$,对 x_1 和 x_2 两个边界处的模拟数据和计算数据作图进行比较,如图 6-5 所示。图中点表示通过两处添加固壁的位

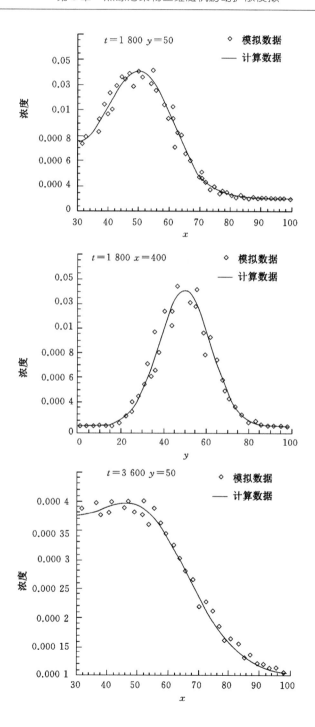

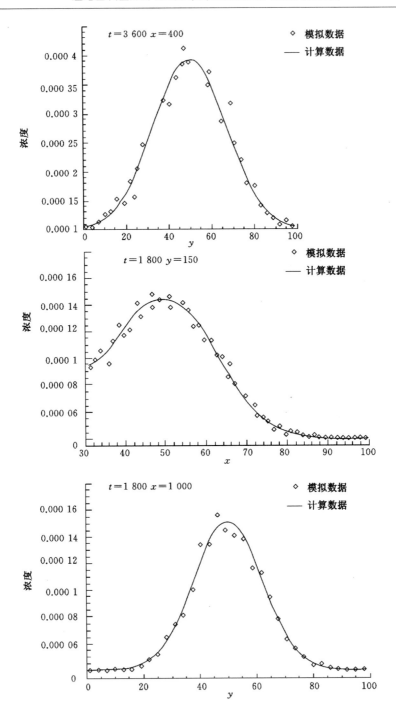

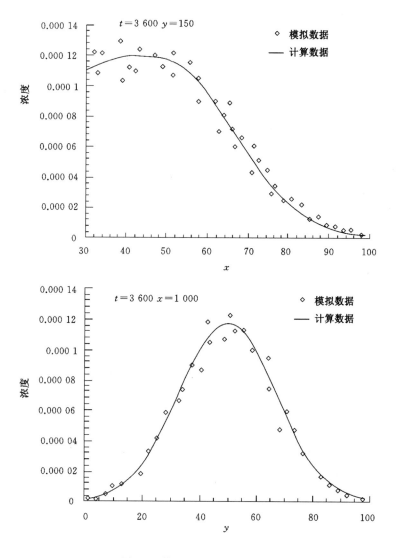

图 6-5　镜面边界反弹方法验证图

置物质扩散浓度计算值,曲线则表示模拟值。通过对比可以发现,在随机扩散时间 $t=1\,800\,\mathrm{s}$ 和 $t=3\,600\,\mathrm{s}$ 两个时间内,计算值和模拟值得吻合程度均较高,说明镜面边界反射方法处理边界条件的方法是有效可靠的。

6.4 二维点源污染物随机游动扩散模型的应用

6.4.1 模型的初始和边界条件

本章中所建的污染物随机游动模型需要根据具体的问题给出适当的定解条件，进行数值计算求解。模型的初始条件和边界条件分别为：

（1）初始条件

初始时刻计算区域内重金属 Pb^{2+}、Cr^{3+}、Cd^{2+} 的浓度可以根据不同粒径煤矸石初始时刻溶出浓度计算模型算得。

虽然矸石回填塌陷区时，级配矸石粒径越小，回填区回填后矸石与矸石间的密实效果越好，但是根据本书第 3 章不同粒径矸石浸泡试验分析结果可知，不同粒径的煤矸石在浸泡过程中重金属污染物的释放率不同，级配粒径小于 2 cm 时，Pb^{2+}、Cr^{3+}、Cd^{2+} 的溶出率较高。如果所选用煤矸石的粒径过小，矸石重金属污染物的释放量过大，会加大回填后污染防治工作的难度，因此本节在综合考虑上述因素之后，决定选用粒径为 2～5 cm 的矸石回填红荷湿地塌陷区域，如图 6-6 所示。

图 6-6　回填区选用的矸石

根据初始溶出浓度，设置空间位置的每个时间步长释放粒子数，释放的数目根据释放初始浓度的源强相应转换成粒子数。转换过程中应考虑粒子数目增多导致的计算量增大和耗时增加问题,所以粒子数并不是越多越好。

（2）边界条件

边界条件的设定与水动力控制方程中的边界条件设定方法相同。由于本书采用的是固壁边界,因此当粒子随机运动到固壁边界附近时,从理论上说,粒子不会穿越边界运动,而反弹回计算区域,但实际上由于离散化近似求解,粒子可能会运动到计算区域外。因此为避免此类情况的发生,可以在粒子即将到达边界时生成一个新的随机数,使其重复式(6-20)的计算,直到粒子无法穿越边界,再计算下一时间步的运动距离。这种方法虽然简单方便,但在实施过程中人为改变了随机过程,这也是其不足之处。

6.4.2　红荷湿地研究区域空间网格的划分

随机游动扩散方程的实现是基于时间和空间步长实现的,因此需要对红荷湿地研究区域根据时间和空间步长进行网格划分。本书中为了简化计算过程,将时间和空间步长合并在同一个网格内,按照 100 m×100 m 的空间步长将被研究区域划分网格,空间步长取 $dx=dy=100$ m,时间步长取 $dt=60$ s。为使随机游动模型计算过程稳定,在水动力模型运行约 5 min 后开始投放随机游动粒子,粒子数目约 1 000 万个,为补充每个网格边界粒子随机游动过程的损失量,每隔 30 s 补充投放 10 个粒子。按照本书二维随机游动模型实现方法,粒子随机游动模拟时间约 180 天。

空间网格划分如图 6-7 所示。

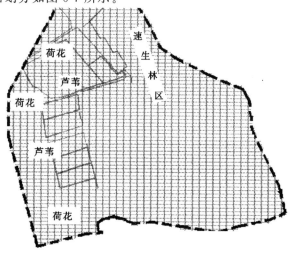

图 6-7　红荷湿地重点保护区域网格图

6.4.3 回填区 Pb^{2+}、Cd^{2+}、Cr^{3+} 浓度分布预测结果

第3章煤矸石浸泡试验结果表明,回填煤矸石中 Pb^{2+}、Cb^{2+}、Cr^{3+} 三种离子浓度的释放均存在快速释放期和缓慢释放期两个过程,缓慢释放期煤矸石释放 Pb^{2+}、Cb^{2+}、Cr^{3+} 速率基本稳定。Cr^{3+} 在煤矸石浸泡 6 h 后释放进入慢速释放期,Pb^{2+}、Cd^{2+} 在煤矸石浸泡 96 h 后进入慢速释放期。因此本书在随机游动模型模拟计算过程中,认为红荷湿地塌陷区的回填矸石回填 180 天后进入缓慢释放期将模拟所得的三种重金属离子的空间网格浓度与环境背景值浓度叠加,绘出浓度等值线图,结果如图 6-8～图 6-10 所示。

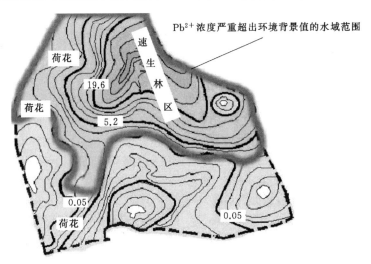

图 6-8 红荷湿地重点保护区 Pb^{2+} 浓度等值线图

从图中可以看出,Pb^{2+}、Cd^{2+}、Cr^{3+} 的浓度变化虽遵循着各自的扩散规律,但也有一定的共性,即回填中心区域浓度最高,污染物向外扩散过程中沿着水流流动方向 Pb^{2+}、Cd^{2+}、Cr^{3+} 浓度变化快,而垂直水流流动方向 Pb^{2+}、Cd^{2+}、Cr^{3+} 浓度变化慢。每幅图中颜色越深的地方金属离子的浓度越高,因此可以看出对湿地的污染程度排序是 $Pb^{2+} > Cr^{3+} > Cd^{2+}$,且 Pb^{2+} 污染范围远大于其他两种金属离子。

三种重金属元素中 Pb^{2+} 的污染范围最广,污染物扩散面积占重点保护区面积的 1/2;Cr^{3+} 的污染程度居中,污染物扩散面积占重点保护区面积的 1/3;Cd^{2+} 的污染范围最小,污染物扩散面积占重点保护区面积的 1/4。从湿地重

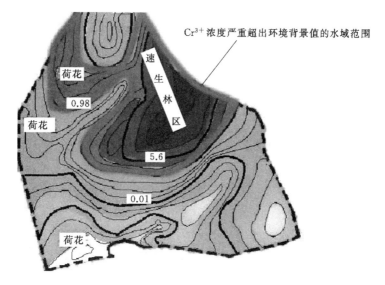

图 6-9　红荷湿地重点保护区 Cr^{3+} 浓度等值线图

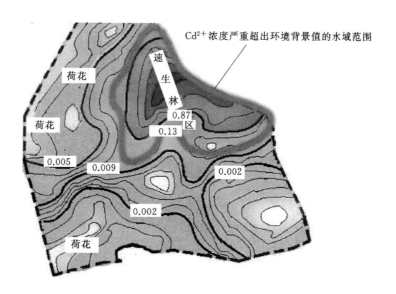

图 6-10　红荷湿地重点保护区 Cd^{2+} 浓度等值线图

点保护区污染区域可以看出,速生杨区的重金属污染物浓度最高,这是因为此处塌陷最深、面积较大,回填煤矸石量相比周围区域更大,因此溶解释放 Pb^{2+}、Cd^{2+}、Cr^{3+} 的量最多。根据模拟计算的结果,当煤矸石回填 180 天后,此范围内回填区中心 Pb^{2+}、Cd^{2+}、Cr^{3+} 浓度值分别达到 11.6 mg/L、0.87 mg/L、5.6 mg/L;速生杨与荷花(芦苇)交界处,Pb^{2+}、Cd^{2+}、Cr^{3+} 浓度值分别达到 5.9 mg/L、0.13 mg/L、0.98 mg/L,三种重金属污染物离子浓度已大大下降。出现这种现象的原因可能有:① Pb^{2+}、Cd^{2+}、Cr^{3+} 浓度分布与中心回填区的距离有关,即距离越近,煤矸石释放 Pb^{2+}、Cd^{2+}、Cr^{2+} 到达此处的时间越短;距离越远,Pb^{2+}、Cd^{2+}、Cr^{3+} 浓度越低,即煤矸石释放 Pb^{2+}、Cd^{2+}、Cr^{3+} 到达此处的时间越长。② Pb^{2+}、Cd^{2+}、Cr^{3+} 在横向和纵向扩散过程受络合作用、水解、生物降解、底泥吸收等作用影响,使 Pb^{2+}、Cd^{2+}、Cr^{3+} 浓度下降。③ 荷花芦苇区的芦苇对水中重金属具有富集作用,对 Pb^{2+}、Cd^{2+}、Cr^{3+} 具有去除效果,其去除机理主要是通过水、底泥吸收重金属,对重金属进行富集作用。

因此,用煤矸石回填、垫高塌陷区,保护速生杨、荷花等水生植物不被湮没,其前提是必须对回填后煤矸石释放的 Pb^{2+}、Cr^{3+}、Cd^{2+} 污染进行有效控制。因为根据模拟结果,Pb^{2+}、Cd^{2+}、Cr^{3+} 重污染区域基本在速生杨-荷花交界区域范围内,因此本书建议密集种植富集效果较好的植物,来预防和控制污染。根据 Pb^{2+}、Cb^{2+}、Cr^{3+} 浓度扩散预测结果,Pb^{2+} 污染范围最大,种植重金属富集植物的范围必须能够达到对 Pb^{2+} 有效去除的效果。因此决定以速生杨区回填区域中心向红荷湿地重点保护区方向至速生杨-荷花交界区域约 3 900 km² 为种植范围。对重金属有富集能力的植物包括挺水类植物、沉水类植物和漂浮类植物,且尤以挺水类植物品种丰富,包括毛苔草、水生菰、芦苇、马唐等。考虑到引入种植的植物不能破坏红荷湿地原有的生态和观光功能,且植物生长具有地域性特点,因此仍选择红荷湿地中原有植被——芦苇。

6.4.4 芦苇去除 Pb^{2+}、Cd^{2+}、Cr^{3+} 效果预测

在红荷湿地重点保护区域 100 m×100 m 网格中,每个网格内芦苇种植的密度按照 500 株/m² 计算。图 6-11 给出了芦苇的种植范围示意图,图中黑点代表芦苇种区域。

由于目前国内缺乏芦苇对 Pb^{2+}、Cd^{2+}、Cr^{3+} 三种离子富集系数的研究,因此本书用国外已经成熟的水质预测模型 WASP7 预测所选区域高密度种植芦苇半年后 Pb^{2+}、Cd^{2+}、Cr^{3+} 的去除效果。由 WASP7 预测结果可知,Cd^{2+} 和 Cr^{3+} 离子的去除效果很好,均已达到三类水质标准,Pb^{2+} 的去除效果差一些,除回填中心区外其他区域均能达到三类水质标准(如图 6-12 所示,图中 Pb^{2+} 浓度单位:mg/L),这是因为三种重金属离子中 Pb^{2+} 的污染浓度最高,污染范围最大,Cr^{3+}、Cd^{2+} 的污染性相对都较低,尤其是 Cd^{2+} 浓度最低,污染范围最

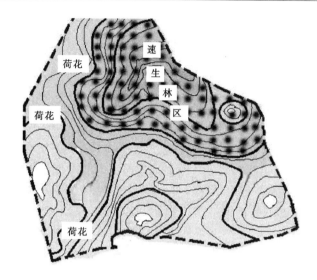

图 6-11　芦苇种植区域示意图

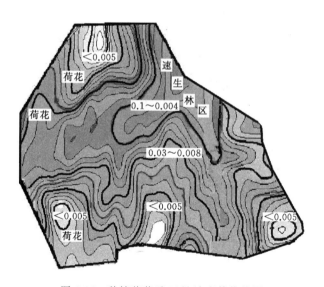

图 6-12　种植芦苇后 Pb^{2+} 浓度等值线图

小。要完全实现 Pb^{2+} 浓度达标,如果继续增加芦苇的种植数量,可能影响红荷湿地荷花的观赏性,从红荷湿地旅游服务功能的角度考虑也是不允许的。

本书认为采用在回填区高密度种植芦苇的方法,基本上能够达到控制 Pb^{2+}、Cd^{2+}、Cr^{3+} 污染的目的,虽然回填中心区域 Pb^{2+} 浓度的控制效果比

Cd^{2+}、Cr^{3+} 差一些,但是去除效果仍然是十分明显的,且芦苇是红荷湿地原有的植被,种植芦苇并不会改变湿地的生态结构,因此建议采用此法控制煤矸石 Pb^{2+}、Cd^{2+}、Cr^{3+} 的污染。

6.5　本章小结

本章在水动力控制方程组的基础上,基于随机游动扩散理论,建立了二维随机游动模型。应用此模型对红荷湿地回填区矸石释放的 Pb^{2+}、Cd^{2+}、Cr^{3+} 分布特征进行预测,并提出合理的防治建议,得到如下结论:

(1) 将单站法获得的湿地水流纵向、横向扩散系数公式代入污染物随机游动模型,建立了适用于湿地条件下的二维随机游动模型,用于模拟 Pb^{2+}、Cb^{2+}、Cr^{3+} 在湿地水流中的扩散分布特征。

(2) 煤矸石回填后,Pb^{2+}、Cb^{2+}、Cr^{3+} 三种重金属对湿地水质污染程度不同,Pb^{2+} 最高,Cr^{3+} 次之,Cb^{2+} 最低;对于每种重金属离子,距离回填中心越近浓度越高,即煤矸石释放的 Pb^{2+}、Cb^{2+}、Cr^{2+} 到达此处的时间越短;距离回填区越远浓度越低,即煤矸石释放的 Pb^{2+}、Cb^{2+}、Cr^{2+} 到达此处的时间越长,扩散过程中受水解、降解、底泥吸收等作用的影响浓度下降。

(3) 选取芦苇作为去除湿地内重金属污染植被。用 WASP7 水质模型预测种植芦苇 6 个月后水中重金属的去除效果,发现芦苇对 Pb^{2+}、Cb^{2+}、Cr^{3+} 三种重金属去除效果明显,尤其是 Cb^{2+}、Cr^{3+} 两种离子浓度均已达到三类地表水质的标准;Pb^{2+} 除回填中心区速生杨区的部分水质超出三类地表水质的标准外,其他区域尤其是荷花观赏区域的水质也达到三类地表水质,说明此方法是有效的。

第7章　总结与展望

7.1　总结

　　煤矸石作为采矿业产生的固体废弃物,是矿山环境研究人员研究的热点问题,对煤矸石的再利用及其对环境的影响也一直是研究的焦点问题。本书在研究分析滕州红荷湿地周围滨湖矿区、朝阳矿区等 4 个矿区煤矸石特性的基础上,对煤矸石颗粒粒级分级及浸泡试验中矸石粒径分配提供依据。研究不同粒级煤矸石中金属污染物包括重金属污染物在浸泡过程中的溶解、释放特征,采用非线性回归分析方法,对煤矸石浸泡液中各目标金属污染物的累积浓度-时间关系进行回归分析,建立了高斯模型和一元三次多项式模型。采用几何相似原理设计室内水槽试验,并在对红荷湿地植被野外调查的基础上设计水槽内模拟植被,以研究植被水流中污染物的扩散输移情况,采用示踪试验结合一元非线性回归和单站法,建立纵向、横向和垂向扩散模型,结合水流动力学对水槽试验的合理性进行验证。在水动力控制方程基础上,基于随机游动扩散理论,建立普遍适用于湿地水流的二维随机游动污染物迁移模型,对于回填煤矸石释放的重金属离子浓度分布规律进行模拟研究,在一定程度上拓展了湿地中点源污染环境理论。利用水质预测模型 WASP7 对生态修复后的重金属浓度进行了预测,为生态环境修复提供了较为可靠的方法。本书研究主要结论如下:

　　(1) 对红荷湿地周围朝阳煤矿、滨湖煤矿、北徐楼煤矿和锦丘煤矿等 4 个煤矿煤矸石的化学组成、矿物组成进行分析,认为"四矿"煤矸石组成特性相近,可以直接混合用于塌陷湿地的回填。

　　(2) 在静态浸泡试验的基础上,分析不同粒径煤矸石中 Mg、Fe、Cu、Al、Pb、Cr、Mn、Zn、Cd 等 8 种金属元素在室温条件下的溶解、释放特征,为预测回填煤矸石后 Mg、Fe、Cu、Al、Pb、Cr、Mn、Zn、Cd 等元素释放量提供可靠依据。

（3）采用回归分析理论的非线性回归分析方法，以试验数据为基础对不同粒径范围内矸石释放 Mg^{2+}、Fe^{3+}、Cu^{2+}、Al^{3+}、Pb^{2+}、Cr^{3+}、Mn^{2+}、Zn^{2+}、Cd^{2+} 的累积浓度-时间变化关系进行分析，建立了 Cd、Mg、Pb、Cr 元素的累积浓度-时间的一元三次多项式模型和 Cu、Zn、Al、Fe 元素的累积浓度-时间的高斯模型，为计算自然条件下煤矸石在湿地环境中金属和重金属元素的释放量提供可靠的方法。

（4）通过分析不同粒径煤矸石释放 Mg^{2+}、Fe^{3+}、Cu^{2+}、Al^{3+}、Pb^{2+}、Cr^{3+}、Mn^{2+}、Zn^{2+}、Cd^{2+} 的初始浓度与矸石粒径关系，认为目标金属污染物的初始溶出浓度与煤矸石粒径间基本符合幂指数函数分布规律，并建立了适用于红荷湿地回填矸石的初始溶出浓度与矸石粒径间幂指数函数关系模型。

（5）采用相似模拟原理设计室内水槽试验，由示踪法获得试验数据，利用一元非线性回归法和单站法分别建立纵向、横向和垂向扩散系数模型，通过验证两种方法，认为单站法建立的模型更可靠。

（6）在 Nepf 模型和 Serra 模型的基础上，对植被直径、水流阻力、雷诺数等因素进行分析研究，结合伯努利方程和达西阻力公式推导出适用于红荷湿地植被阻力条件下的湿地水流纵向扩散系数模型。

（7）在水动力控制方程基础上，将随机游动扩散理论与二维点源污染物扩散方程相结合，建立点源污染物二维随机游动扩散模型，对回填煤矸石释放 Pb^{2+}、Cd^{2+}、Cr^{3+} 的浓度分布进行预测，绘出浓度等值线图，为判断回填煤矸石污染程度及提出污染治理方法提供可靠的理论依据。

（8）根据预测结果，对红荷湿地重点保护区的污染程度排序为 Pb^{2+} > Cr^{3+} > Cd^{2+}，重污染区位于速生杨区至速生杨-荷花交界区约 3 900 km^2。提出在此区域种植芦苇，利用水质预测模型 WASP7 对种植芦苇后 Pb^{2+}、Cd^{2+}、Cr^{3+} 的浓度值进行预测，结果表明，Cd^{2+}、Cr^{3+} 的浓度均能达到三类水质标准，Pb^{2+} 除少部分速生杨区外其浓度也能达到三类水质标准，认为该方法能够用于 Pb^{2+}、Cd^{2+}、Cr^{3+} 污染的预防治理。

7.2　展望

以静态浸泡试验为基础，结合室内水槽试验，本书研究了煤矸石在湿地水流中重金属的释放、扩散输移规律等相关研究，然而湿地中的水流流态和植被种类千变万化，煤矸石回填塌陷湿地区域后对重金属释放的影响因素也千差万别，因此为了能够进一步了解煤矸石在湿地中的重金属对水质、底泥的扩散

行为,需要进一步开展以下方面的工作:

（1）湿地水流特性的深入研究。湿地中的污染物能够输移扩散与湿地水流的特性是分不开的,由于试验条件的影响,一般研究者均在实验室内模拟水流的特性以进行研究,这势必会对研究结果的应用性带来限制,所以开展野外水流特性的研究是必要的。

（2）湿地环境中煤矸石重金属元素释放影响因素的微观研究。本书虽然设计了煤矸石静态浸泡试验,但是对于试验过程中煤矸石重金属在湿地水中释放的微观行为、释放量受哪些因素的影响等方面均无法知晓,今后需要做进一步的研究。

（3）湿地不同植被间金属、重金属的扩散运动特征研究。虽然本书在水槽试验的基础上建立了煤矸石释放重金属的三维扩散系数模型,但是湿地生态的复杂性决定不同的植被间重金属的扩散运动规律是不同的,目前这方面的研究较少,因此可以结合室外模拟试验研究湿地内植物间重金属的运动特性,进一步拓展重金属扩散方面的研究;建立适用于中国湿地环境的污染物迁移扩散预测模型是今后研究工作中亟待解决的问题。

参 考 文 献

[1] 谢龙.采煤塌陷地生态修复需多花心思[N].中国煤炭报,2018-11-17(2).

[2] 王国雨,慈维顺.湿地资源功能及我国湿地现状[J].天津农林科技,2012 (3):36-38.

[3] 阎云胜,张凤辰.煤矸石及其综合利用[J].节能,2005(2):56-58.

[4] 彭岩,李强,郭晓倩,等.我国煤矸石应用现状及发展方向[J].矿业快报, 2008(11):8-11.

[5] 邵武.煤矸石用于人工湿地处理酸性矿井水的研究[J].中国煤炭,2010 (3):83-85.

[6] 徐彬,蒲心诚.碱矿渣水泥混凝土研究进展及其发展前景[J].材料导报, 1998(4):41-44.

[7] 刘开莲,金会心.煤矸石的综合利用现状的研究[J].贵州科学,2012(3): 80-83.

[8] 曹建军,刘永娟,郭广礼.煤矸石的综合利用现状[J].环境工程学报,2004 (1):19-22.

[9] 彭万旺.水汽集成式煤气化与合成气处理近零废水生成工艺研究[J].洁净 煤技术,2016(5):12-20.

[10] 张顺利,王泽南,贾懿曼,等.煤矸石的资源化利用[J].洁净煤技术,2011 (4):97-100.

[11] 华悦.煤矸石利用与墙体材料节能[J].砖瓦,2008(3):21-24.

[12] 王国平.辽宁阜新煤矸石资源化研究[D].成都:成都理工大学,2005.

[13] 关杰,李英顺.煤矸石综合利用现状及前景[J].环境与可持续发展,2008 (1):34-36.

[14] 王新民,卢央泽,张钦礼.煤矸石似膏体胶结充填采场数值模拟优化研究 [J].地下空间与工程学报,2008(2):346-350.

[15] 余明高,段玉龙,郝强,等.自燃煤矸石山温度场的有限元分析[J].中国安 全科学学报,2007(7):14-19.

［16］刘彦涛,吴建亭,潘荣锟,等.煤矸石山爆炸动力学特性研究［J］.煤矿安全,2009(2):7-13.

［17］李洪伟,颜事龙,崔龙鹏.淮南新集矿区土壤重金属污染评价［J］.矿业安全与环保,2008(1):36-38.

［18］CONGBIN F.Potential impacts of human-induced land cover change on east Asia monsoon［J］.Global and planetary change,2003(3-4):219-229.

［19］邓为难,伍昌维.煤矸石浸泡释放污染物对周边水环境的影响:贵州百里杜鹃风景区煤矸石的浸泡实验［C］.2011年环境污染与大众健康学术会议,2011.

［20］杜勇立,黄向京,戚芳方,等.煤矸石作路基材料对地下水硝酸盐污染的数值模拟分析［J］.上海师范大学学报(自然科学版),2014(3):297-303.

［21］GHOSH R S,SAIGAL S,DZOMBAK D A.Assessment of in situ solvent extraction interrupted pumping for remediation of subsurface coal tar contamination［J］.Water environment research,1997(3):295-304.

［22］SCHURING J,KOLLING M,SCHULZ H D.The potential formation of acid mine drainage in pyrite-bearing hard-coal tailings under water-saturated conditions:an experimental approach［J］.Environmental geology,1997(1-2):59-65.

［23］TAYLOR B E,WHELLER M C,NORDSTRON D K.Stable isotope geochemistry of acid mine drainage:experimental oxidation of pyrite［J］.Geochim cosmochim acta,1984(12):2669-2678.

［24］MUNIR M A M,LIU G J,YOUSAF B,et al.Contrasting effects of biochar and hydrothermally treated coal gangue on leachability,bioavailability,speciation and accumulation of heavy metals by rapeseed in copper mine tailings［J］.Ecotoxicology and environmental safety,2020(15):110244-110253.

［25］SZCZEPANSKA J,WARDOWSKA I.Distribution and environmental impact of coal-mining wastes in upper Silesia,Poland［J］.Environmental geology,1999(3):249-258.

［26］BHATTACHARYA A,ROUTH J,JACKS G,et al.Environmental assessment of abandoned mine tailings in Adak,Västerbotten district (northern Sweden)［J］.Applied geochemistry,2006(10):1760-1780.

[27] KOVACS E, WILLIAM E D, TAMAS J. Influence of hydrology on heavy metal speciation and mobility in a Pb-Zn mine tailing[J]. Environmental pollution, 2006(2):310-320.

[28] 张瑛.矸石山淋溶污染的探讨[J].煤炭科学技术,1994(2):51-55.

[29] 刘桂建,杨萍明,彭子成,等.煤矸石中潜在有害微量元素淋溶析出研究[J].高校地质学报,2001(4):449-457.

[30] 余运波,汤鸣皋,钟佐燊,等.煤矸石堆放对水环境的影响:以山东省一些煤矸石堆为例[J].地学前缘,2001(1):163-170.

[31] 毕银丽,胡振琪,刘杰,等.粉煤灰和煤矸石长期浸水后 pH 的动态变化[J].能源环境保护,2003(3):20-21,25.

[32] 吴代赦,郑宝山,康往东,等.煤矸石的淋溶行为与环境影响的研究:以淮南潘谢矿区为例[J].地球与环境,2004(1):55-59.

[33] 李侠.煤矸石对环境的影响及再利用研究[D].西安:长安大学,2005.

[34] 王晖,郝启勇,尹儿琴.煤矸石的淋溶、浸泡对水环境的污染研究:以兖济滕矿区塌陷区充填的煤矸石为例[J].中国煤田地质,2006(2):43-45.

[35] 马芳,秦俊梅,白中科.不同风化程度对煤矸石盐分与 pH 值的影响[J].山西农业大学学报(自然科学版),2007(1):55-57,70.

[36] 孙晓虎,易其臻,刘汉湖,等.煤矸石中重金属的淋滤特征研究[J].江苏环境科技,2007(5):20-22,25.

[37] 熊琼,阳军生,熊华刚.路用煤矸石的淋溶浸泡试验分析[J].长沙理工大学学报(自然科学版),2008(3):93-97.

[38] 付天岭,吴永贵,欧莉莎,等.不同氧化还原环境对煤矸石污染物质释放的影响[J].环境科学学报,2012(10):2476-2482.

[39] 姜利国,梁冰,尹成薇.淋溶作用下煤矸石产酸/产碱动力学的实验研究[J].实验力学,2013(4):502-510.

[40] 高海燕,周伟建,柴波.合山市东矿矿区煤矸石淋滤液特征及其环境影响分析[J].安全与环境工程,2014(2):90-93,103.

[41] 白向玉,贾红霞.煤矸石中重金属在淋滤过程中的释放规律[J].环境科技,2009(2):5-8.

[42] 王俭,吴永贵,刘方等.浸提剂 pH 值对煤矸石和煤泥污染物浸出特性的影响研究[J].农业环境科学学报,2010(6):1144-1149.

[43] PALMER V J. A method for designing vegetated waterways[J]. Agricultural engineering,1945(12):516-520.

［44］ 朱兰燕.植被渠道水流和污染物输移扩散三维数值模拟［D］.大连:大连理工大学,2008.

［45］ 惠二青.植被之间水流特性及污染物扩散试验研究［D］.北京:清华大学,2009.

［46］ ELLIOTT A H.Settling of fine sediment in a channel with emergent vegetation［J］.Journal of hydraulic engineering,2000(8):570-577.

［47］ NEPF H M.Drag,turbulence,and diffusion in flow through emergent vegetation［J］.Water resources research,1999(2):479-489.

［48］ SHARPE R G,JAMES C S.Deposition of sediment from suspension in emergent vegetation［J］.Water South Africa,2006(2):211-218.

［49］ FENG K,MOLZ F J.A 2-D,diffusion-based,wetland flow model［J］.Journal of hydrology,1997(1):230-250.

［50］ LEE H Y,SHI S S.Impacts of vegetation changes on the hydraulic and sediment transport characteristics in Guandu mangrove wetland［J］.Ecological engineering,2004(23):85-94.

［51］ ULBRICH K,MARSULA R,JELTSCH F,et al.Modeling the ecological imoact of contaminated river sediment on wetland［J］.Ecological modeling,1997(94):221-230.

［52］ 陈震.水环境科学［M］.北京:科学出版社,2006.

［53］ GRÄWE U,WOLFF J O.Suspended particulate matter dynamics in a particle framework［J］.Environmental fluid mechanics,2010(1-2):21-39.

［54］ 汤军健,余兴光,陈坚,等.闽江口入海悬沙输运的数值模拟［J］.台湾海峡,2009(1):90-95.

［55］ 范世平,王彦芳,冯民权,等.污染物迁移扩散的质点追踪随机模拟［J］.武汉大学学报(工学版),2011(1):32-36.

［56］ 李树华,夏华永.防城港口门外抛泥区潮流及质点轨迹模拟［J］.广西科学,2000(4):279-281.

［57］ 范勇,侍克斌.我国基于示踪实验法确定河流纵向离散系数的研究进展［J］.石河子大学学报(自然科学版),2012(5):647-652.

［58］ 郭建青.非线性最小二乘法在分析河流水团示踪试验数据中的应用［J］.中国给水排水,1991(5):13-17.

［59］ 温季,郭建青,宰松梅,等.河流水团示踪试验数据分析的双站直线解析

法[J].水利学报,2008(5):618-622.

[60] 顾莉,华祖林,何伟,等.河流污染物纵向离散系数确定的演算优化法[J].水利学报,2007(12):1421-1425.

[61] 胡国华,肖翔群.黄河多泥沙河段扩散系数的示踪实验研究[J].水动力学研究与进展,2005(6):733-779.

[62] 马海波,崔广柏,常文娟.确定河流纵向离散系数的SVM算法[J].安徽农业科学,2010,38(23):12630-12631.

[63] 薛红琴,赵尘,刘晓东,等.确定天然河流纵向离散系数的有限差分-单纯形法[J].解放军理工大学学报(自然科学版),2012(2):214-218.

[64] 王丽君.蚁群算法在水污染控制系统规划中的应用研究[D].扬州:扬州大学,2008.

[65] 罗固源,郑剑锋,徐晓毅,等.基于遗传算法的次级河流回水段水质模型多参数识别[J].中国环境科学,2009(9):962-966.

[66] 孟令群,郭建青.利用混沌粒子群算法确定河流水质模型参数[J].地球科学与环境学报,2009(2):169-172.

[67] 马海波,崔广柏,常文娟.改进的BP网络模型在确定河流纵向离散系数中的应用[J].水电能源科学,2010(9):19-21.

[68] 闫静.含植物明渠水流阻力及紊流特性的实验研究[D].南京:河海大学,2008.

[69] 芦振爱,杨具瑞,程浩亮,等.滨岸带植物对水流结构影响的试验研究[J].水电能源科学,2011(8):80-83.

[70] 时钟,李艳红.含植物河流平均流速分布的实验研究[J].上海交通大学学报,2003(8):1254-1260.

[71] 杨克君,刘兴年,曹叔尤,等.植被作用下的复式河槽漫滩水流紊动特性[J].水利学报,2005(10):1236-1268.

[72] ZHAO X D,LI X X,XU X S,et al.Experimental research on transverse diffusion coefficients of typical pollutants[C].Conference on environmental pollution and public health,2012.

[73] 朱红均,赵振兴,韩璐.有植被的河道水流紊动特性模型试验研究[J].水利水运工程学报,2006(4):57-61.

[74] 韩璐.柔性植被河道水流特性试验研究[D].南京:河海大学,2006.

[75] 王洪虎.不同植物对水流结构变化影响规律试验研究[D].武汉:长江科学院,2012.

[76] 郭劲松,李胜海,龙腾锐.水质模型及其应用研究进展[J].重庆建筑大学学报,2002(2):109-115.

[77] OSTFELD A,SALOMONS S.A hybrid genetic-instance based learning algorithm for CE-QUAL-W2 calibration[J].Journal of hydrology,2005(1-4):122-142.

[78] CHRISTINE E M,ALLEN S H,LOAICIGA H A.Distributed hydrological modelling in California semi-arid shrublands:MIKE SHE model calibration and uncertainty estimation[J].Journal of hydrology,2006(3-4):307-324.

[79] 廖庚强.基于Delft3D的柳河水动力与泥沙数值模拟研究[D].北京:清华大学,2013.

[80] MODULE,MUD TRANSPORT.MIKE 21 & MIKE 3 flow model fm hydrodynamic and transport module scientific documentation[M].Copenhagen:DHI Water Environment,2007.

[81] WU G Z,XU Z G.Prediction of algal blooming using EFDC model:case study in the Daoxiang Lake[J].Ecological modeling,2010(6):1245-1252.

[82] VUKSANOVIC V,DE SMEDT F,VAN MEERBEECK S.Transport of polychlorinated biphenyls (PCB) in the Scheldt Estuary simulated with the water quality model WASP[J].Journal of hydrology,1996(1-2):1-18.

[83] 宋新山,邓伟.基于连续性扩散流的湿地表面水流动力学模型[J].水利学报,2017(10):1166-1171.

[84] 李海,季顺迎,沈洪道,等.海冰动力学的混合拉格朗日-欧拉数值方法[J].海洋学报(中文版),2008(2):1-11.

[85] 刘玉生,唐宗武,韩梅,等.滇池富营养化生态动力学模型及其应用[J].环境科学研究,1991(6):1-8.

[86] 王晓红.基于水动力箱式模型的长江口及邻近水域物质通量研究[D].青岛:中国科学院大学(中国科学院海洋研究所),2014.

[87] 彭虹,郭生练.汉江下游河段水质生态模型及数值模拟[J].长江流域资源与环境,2002(4):363-370.

[88] 朱永春,蔡启明.太湖梅梁湾三维水动力学模型的研究Ⅱ.营养盐随三维湖流的扩散规律[J].海洋与湖沼,1998(2):169-174.

[89] 李化建.煤矸石的综合利用[M].北京:化学工业出版社,2010.

[90] 王国平.辽宁阜新矸石资源化研究[D],成都:成都理工大学,2005.

[91] 许红亮,郭辉,姜三营,等.平顶山矿区一矿煤矸石特征及其利用途径分析[J].中国矿业,2012(7):49-52.

[92] 祁星鑫,王晓军,黎艳,等.新疆主要煤区煤矸石的特征研究及其利用建议[J].煤炭学报,2010,(7):1197-1201.

[93] 丁伟,黄智龙,张忠敏,等.遵义地区煤矸石的矿物成分[J].煤炭工程,2011(7):105-107.

[94] 顾炳伟,王培铭.不同产地煤矸石特征及其火山灰活性研究[J].煤炭科学技术,2009(12):113-116.

[95] 姜利国.煤矸石山中多组分溶质释放-迁移规律的研究[D].阜新:辽宁工程技术大学,2010.

[96] HANGEN E,GERK H H,SCHAAF W,et al.Flow path visualization in a lignitic mine soil using iodine-starch staining[J].Geodema,2004(1-2):121-135.

[97] WU D,HOU Y B,DENG T F,et al.Thermal,hydraulic and mechanical performances of cemented coal gangue-fly ash backfill[J].International journal of mineral processing,2017(162):12-18.

[98] 武旭仁,郝启勇,范士彦.煤矸石中潜在有害微量元素析出过程探讨[J].煤田地质与勘探,2009(4):43-46.

[99] AKCIL A,KOLDAS S.Acid mine drainage:cause treatment and case studies[J].Journal of cleaner production,2006(12-13):1139-1145.

[100] 武旭仁.鲁西南煤矿区重金属元素环境地球化学特征研究[D].武汉:武汉理工大学,2012.

[101] 鄢明才,迟清华.中国东部地壳与岩石的化学组成[M].北京:科学出版社,1997.

[102] 董倩.重庆地区矸石山堆积形态及稳定性分析研究[D].重庆:重庆大学,2006.

[103] 葛宝勋,邓寅生,刘大锰,等.平顶山矿区煤矸石的二级分类探讨[J].煤矿环境保护,1994(6):38-41.

[104] 曹珊珊,吴光红,苏睿先.模拟中性和酸性降雨及垃圾渗滤液浸泡粉煤灰及渣重金属浸出特征[J].环境科学,2011(6):1831-1836.

[105] 刘会虎,桑树勋,周效志,等.模拟雨水浸泡生活垃圾重金属浸出特征研

究[J].地球化学,2008(6):587-594.

[106] 田文杰,赵芳妮,何绪文,等.模拟酸雨对工业污染场地表层土壤中多环芳烃释放的影响[J].环境化学,2012(4):497-503.

[107] 李玉兰,刘鑫,邵素军,等.煤炭地下气化灰渣浸泡实验及 Zn、Cd、Pb、As 环境效应分析[J].安全与环境学报,2008(2):80-82.

[108] 司静,邢奕,卢少勇,等.沉水植物衰亡过程中氮磷释放规律及温度影响的研究[J].中国农学通报,2009(1):217-223.

[109] 肖利萍,梁冰,陆海军.等.煤矸石浸泡污染物溶解释放规律研究:阜新市新邱露天煤矿不同风化煤矸石在不同固液比条件下浸泡实验[J].中国地质灾害与防治学报,2006,(2):151-163.

[110] 肖利萍,梁冰,黑瑞卿,等.煤矸石浸泡污染物溶解释放规律研究(二):不同风化煤矸石在不同酸度条件下浸泡实验[J].科学技术与工程,2006(7):844-847.

[111] 杨建,陈家军,王心义.煤矸石堆周围土壤重金属污染空间分布及评价[J].农业环境科学学报,2008(3):873-878.

[112] TAYLOR G.Conditions under which dispersion of a solute in a stream of solvent can be used to measure molecular diffusion [J]. Mathematical and physical sciences,1954(1163):473-477.

[113] MACKEY A P,MACKAY S.Spatial distribution of acid-volatile sulphide concentration and metal bioavailability in mangrove sediments from the Brisbane River,Australia[J].Environmental pollution,1996(2):205-209.

[114] KASHEFIPOUR S M,FALCOMER R A.Longitudinal dispersion coefficients in natural channels[J].Water research,2002(36):1596-1608.

[115] MAZUMDERB S,DALAL D C.Contaminant dispersion from an elevated time-dependent source[J].Journal of computation and mathematics,2000(126):185-205.

[116] GOMEZ-GESTEIRA M,MONTERO P,PREGO R,et al.A two-dimensional particle tracking model for pollution dispersion in A Coruña and Vigo Rias(NW Spain)[J].Oceanologica acta,1999(2):167-177.

[117] 李家星,赵振兴.水力学[M].南京:河海大学出版社,2001.

[118] NEPF H M,SULLIVAN J A,ZAVISTOSKI R A.A model for diffusion within emergent vegetation[J].Limnology and oceanography,

1997(8):1735-1745.

[119] NEPF H M,VIVONI E R.Flow structure in depth-limited vegetated flow[J].Journal of geophysical research,2000(C12):28547-28557.

[120] SERRA T,FEMANDO H J,RODRIGUZ R V.Effects of emergent vegetation on lateral diffusion in wetlands[J].Water research,2004 (1):139-147.